欢迎来到垃圾星球！这里是举行机器人发明家竞赛的地方，其他参赛者早已就位啦！快来吧，比赛马上就要开始了，你还得好好做准备呢。

垃圾星球是我们不久前发现的，拜你们人类所赐，这里形成了一个完全由垃圾组成的空间物体。你有没有把糖纸扔出过太空船的舷窗？看吧！当然，还有很多其他垃圾：旧式导弹的骨架、工业废料、旧轮胎，还有退役的核反应堆部件。

我们邀请了最优秀的发明家来参加这场机器人发明家竞赛，你就是其中之一，恭喜！

请用在这颗星球上找到的材料设计机器人，并与你的机器人并肩作战。每一轮比赛前你都需要寻找新的机器零件，真正的宝藏就藏在这地下深处！

胜利者将获得垃圾星球奖章。在这里你会挖掘出你设计机器人所需的一切，直到垃圾星球消失。愿宇宙洁净如初！祝你好运！

涂上所有你想要的色彩

U0241406

首先请认识一下参赛者，他们都在为了大奖而战斗。所有参赛者都是十分杰出、富有才华的发明家。

我的任务是向人们科普空间堵塞的问题。新参赛者，我为你高兴，希望你将是一个值得期待的对手。在你的帮助下，我会争取所有星球的政府注意生态灾难的危险性。那我们就在竞赛中见吧！

无用的小发明家！你决定向强大而杰出的我挑战吗？好吧，试试吧。我会把你的机器人变成废金属，将它们夷为平地，让它们尝一尝我脚下的宇宙尘埃。

纳米技术者

著名的银河太空学校毕业生、最佳学生、铂金奖章获得者。长期在班级中担任班长，是所有老师的最爱。他是一位雄心勃勃的青年。他的机器人拥有人工智能技术，因此不需要远程控制。这位纳米技术者是最先提议在垃圾星球举办竞赛的人。他想向大家证明，自己是最最聪明、最最勇敢的那一位。

牛角男爵

出生于科技城的贫民窟，未来的牛角男爵在生命的第一分钟起就决定要征服世界。他通过欺骗、贩卖机器人以及称霸星际获得了男爵称号。他的作品看起来可怕而荒谬，却是十分危险的机器人斗士。他参加这次比赛的目的是获得权力与力量，来占领垃圾星球，并建造一支新的机器人军队。现在，就不得不提到卡洛斯伯爵。

未来的参赛者，欢迎你……你怎么还在这里？这太离谱了，入场早都结束了。你还会在比赛中遇到我和我的铁鸟……再见。

戴茜

这个女孩从小就可以掌控一切在轮子上运动的物体，从滑板车到载重卡车。她能毫不迟疑地将布娃娃换成独轮车，然后开始在父亲的工作室工作。整个宇宙的机械迷从四面八方赶来观看比赛，正是想要学习戴茜的手艺。她此次前来参赛，是为了寻找自己发明工作中需要的罕见零部件，当然她也为胜利而来。

你好！你是参赛者，还是就来看看？参赛者吗？棒极了。你知道吗，我正在寻找一种零配件，来组装我的超级独轮车。如果你找到了，请告诉我，怎么样？再见！

啊呼！

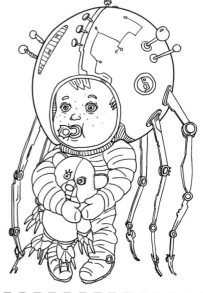

卡洛斯伯爵

一个血统高贵的人，一只属于高空的鸟。他的机器人在高空中如鱼得水。如果想近距离了解他的机器人，请准备好随时逃离闪电，他们的武器会发出声声巨响。不过你千万不要生气，他的一切攻击都和你无关，他根本不会注意你。他来参赛是因为自尊心，他很瞧不起牛角男爵。

宝宝

天才，天生就是一位伟大的发明家。在学会走路之前就学会了制作机器人。他是穿着纸尿裤的亿万富翁。他从不会和自己心爱的毛绒机器熊分开。儿童玩具——正是他在尿布中被剥夺的东西。这次参加比赛是因为宝宝很喜欢玩士兵游戏。

创造机器人

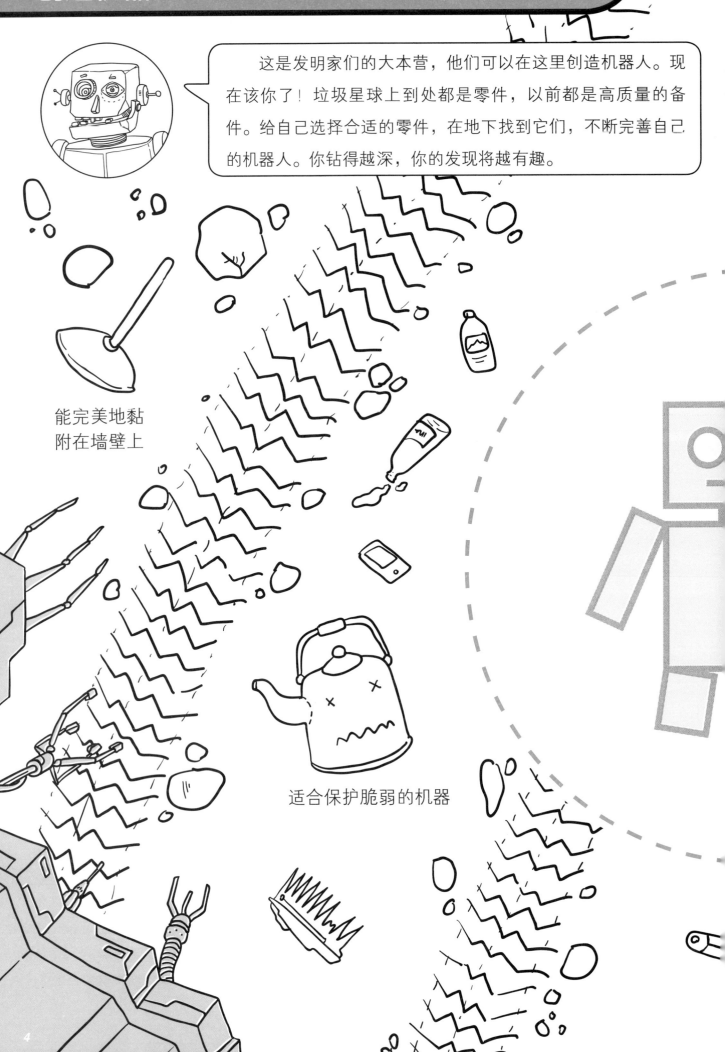

这是发明家们的大本营，他们可以在这里创造机器人。现在该你了！垃圾星球上到处都是零件，以前都是高质量的备件。给自己选择合适的零件，在地下找到它们，不断完善自己的机器人。你钻得越深，你的发现将越有趣。

能完美地黏附在墙壁上

适合保护脆弱的机器

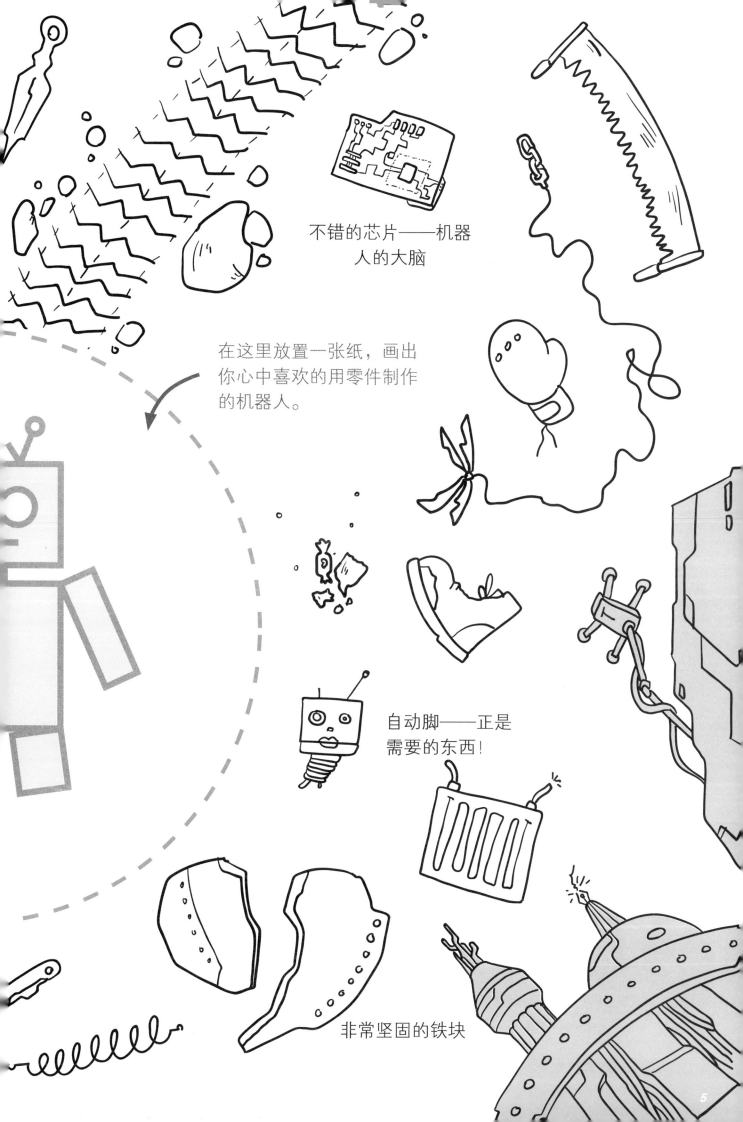

不错的芯片——机器
人的大脑

在这里放置一张纸，画出
你心中喜欢的用零件制作
的机器人。

自动脚——正是
需要的东西！

非常坚固的铁块

2

↑ 健康值

↑ 如果你在防守题中犯错，请在答案处画×，并涂上一格健康值。

① 攻击题 ✦ 7 × 8 =

② 防守题 🛡 12 × 15 =

③ ✦ 256 ÷ 16 =

**在此放置
你的角色**

④ ✦ 54 ÷ 6 =

⑤ 🛡 26 × 19 =

在这次训练比赛中，我们将检验你的机器人的工作状态，以及你对机器人的控制能力。在你面前的这个铁块头是我们训练的机器人，它已经很老了，不过保存得很好。

4

如果你成功解出攻击题，请在答案后画✓，并给对手的一格健康值涂上颜色。

健康值

⑥ 723 − 48 =

给对手涂上颜色

⑦ 128 + 93 =

通过图中标示的高度，可以判断对手的大小

⑧ 296 ÷ 8 =

1米

答案请见本书的封三，但如果你没有解题，答案是无效的。先解题，再检查！你可以在书上空白处进行计算。

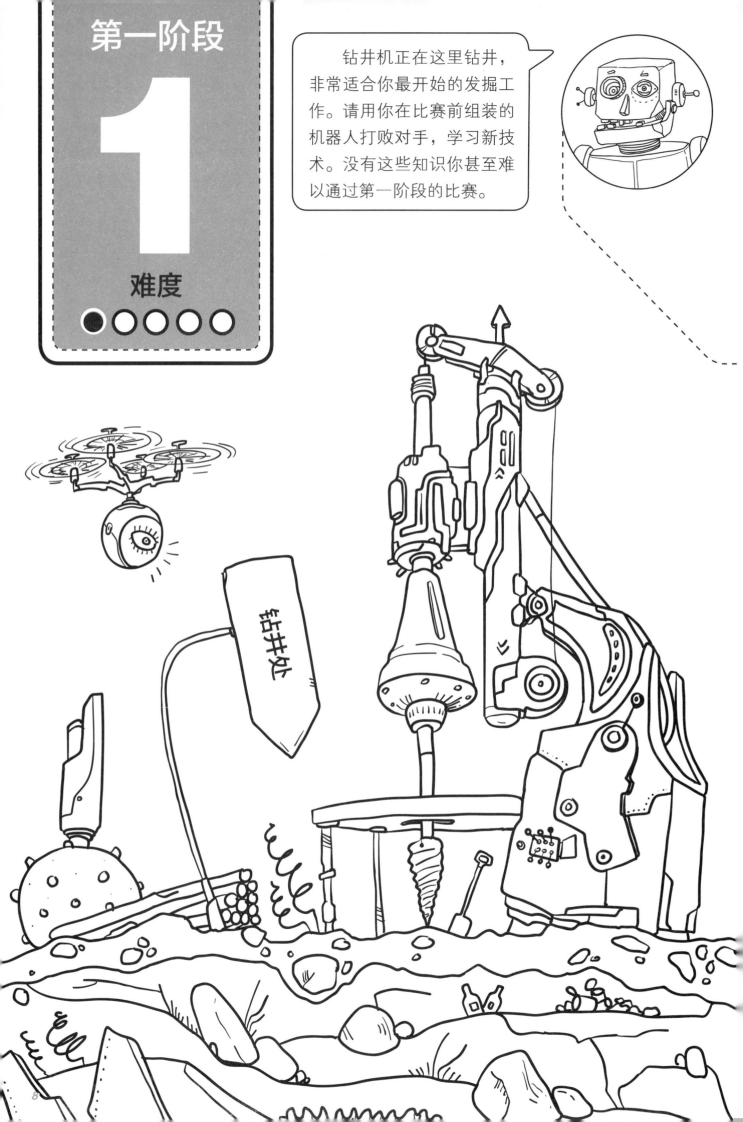

第一阶段

1

难度

钻井机正在这里钻井，非常适合你最开始的发掘工作。请用你在比赛前组装的机器人打败对手，学习新技术。没有这些知识你甚至难以通过第一阶段的比赛。

钻井处

新技术

走向这一轮比赛的胜利吧

什么是分数？

$$2 \div 5 = \frac{2}{5} \qquad \frac{2}{5} \quad \frac{分子}{分母}$$

填上空格

1 整数

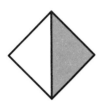

$\frac{1}{2}$ 二分之一

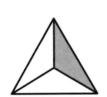

$\frac{1}{3}$ 三分之一

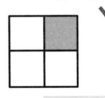

$\frac{1}{\ }$ □ 之一

$\frac{1}{5}$ 五分之一

$\frac{1}{6}$ 六分之一

$\frac{\ }{\ }$

$\frac{1}{8}$ 八分之一

$\frac{\ }{\ }$

$\frac{1}{10}$ 十分之一

$\frac{1}{5}$ 五分之一

$\frac{2}{5}$ 五分之二

$\frac{\ }{\ }$

$\frac{\ }{\ }$

$\frac{5}{5}$ 五分之五

9

有用的诀窍

分母相同的分数相加，如下：

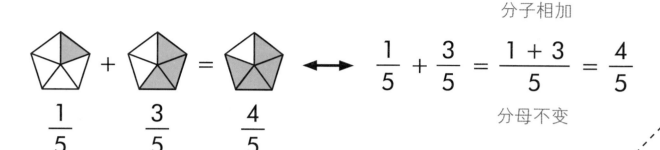

分子相加

$$\frac{1}{5} + \frac{3}{5} = \frac{1+3}{5} = \frac{4}{5}$$

分母不变

$\frac{1}{5}$ $\frac{3}{5}$ $\frac{4}{5}$

① $\dfrac{1}{5} + \dfrac{2}{5} =$

在此放置你的机器人

② $\dfrac{3}{8} + \dfrac{4}{8} =$

③ $\dfrac{11}{25} + \dfrac{12}{25} =$

④ $\dfrac{17}{43} + \dfrac{34}{43} =$

⑤ $\dfrac{35}{93} + \dfrac{41}{93} =$

在比赛期间我会教给你一些新诀窍，这对于胜利非常重要。转动你的脑筋来运用这些诀窍吧！

⑥ $\dfrac{23}{100} + \dfrac{54}{100} =$

⑦ $\dfrac{171}{297} + \dfrac{64}{297} =$

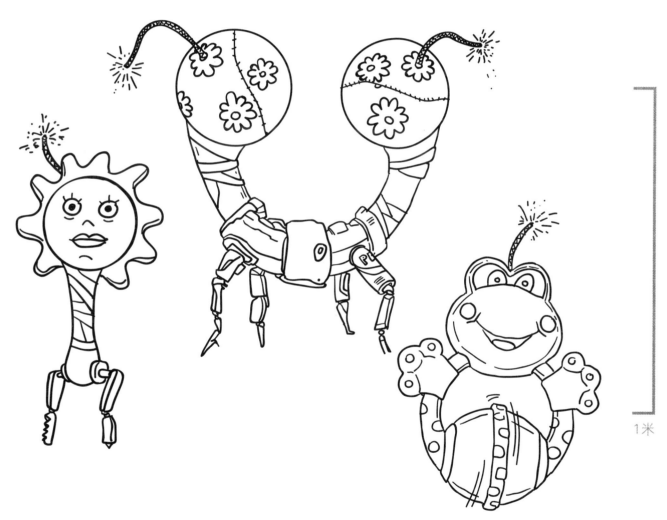

⑧ $\dfrac{54}{143} + \dfrac{0}{143} =$

1米

啊——嗒——嗒！

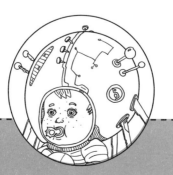

发明家：**宝宝**

②

 有用的诀窍

分母相同的分数相减，如下：

分子相减

$$\frac{5}{7} - \frac{2}{7} = \frac{5-2}{7} = \frac{3}{7}$$

分母不变

$$\frac{5}{7} \quad \frac{2}{7} \quad \frac{3}{7}$$

① $\frac{5}{7} - \frac{3}{7} =$

在此放置你的机器人

② $\frac{17}{19} - \frac{8}{19} =$

③ $\frac{35}{47} - \frac{17}{47} =$

⑤ $\frac{63}{85} - \frac{37}{85} =$

④ $\frac{71}{72} - \frac{70}{72} =$

⑥ $\frac{104}{201} - \frac{57}{201} =$

难度 ●○○○○

对手：**摩托滑轮车、摩托滑板和摩托冰鞋**

⑦ $\dfrac{345}{543} - \dfrac{176}{543} =$

⑧ $\dfrac{191}{903} - \dfrac{0}{903} =$

1米

你喜欢摩托滑轮车、摩托滑板和摩托冰鞋吗？哦，我非常喜欢！知道吗，它们可以非常迅猛。

发明家：**戴茜**

② ━━━━━━━━━━━━━━━━━━━━━━━━━━━━━━━━▶

 有用的诀窍

分数相乘，如下：

分子相乘

$$\frac{2}{3} \times \frac{3}{4} = \frac{2 \times 3}{3 \times 4} = \frac{6}{12}$$

分母相乘

$\frac{2}{3}$ $\frac{3}{4}$ $\frac{6}{12}$

① $\frac{2}{3} \times \frac{1}{5} =$

② $\frac{3}{7} \times \frac{6}{8} =$

在此放置你的机器人

③ $\frac{2}{13} \times \frac{3}{4} =$

④ $\frac{11}{15} \times \frac{3}{5} =$

⑤ $\frac{3}{10} \times \frac{15}{11} =$

⑥ $\frac{2}{25} \times \frac{4}{5} =$

⑦ $\dfrac{15}{17} \times \dfrac{7}{9} =$

1米

⑧ $\dfrac{24}{27} \times \dfrac{0}{17} =$

人们完全不考虑空间污染问题，真是徒劳！

发明家：**纳米技术者**

有用的诀窍

分数相除，如下：

$$\frac{3}{7} \div \frac{2}{3} \rightarrow \div \left(\frac{2}{3}\right) \rightarrow \times \frac{3}{2} \rightarrow \frac{3}{7} \times \frac{3}{2} = \frac{3 \times 3}{7 \times 2} = \frac{9}{14}$$

① $\frac{1}{4} \div \frac{9}{10} =$

② $\frac{1}{2} \div \frac{5}{9} =$

在此放置你的机器人

③ $\frac{1}{3} \div \frac{6}{9} =$

④ $\frac{1}{6} \div \frac{7}{11} =$

⑤ $\frac{5}{17} \div \frac{4}{7} =$

⑥ $\frac{17}{43} \div \frac{3}{4} =$

4

⑦ $\dfrac{35}{74} \div \dfrac{3}{5} =$

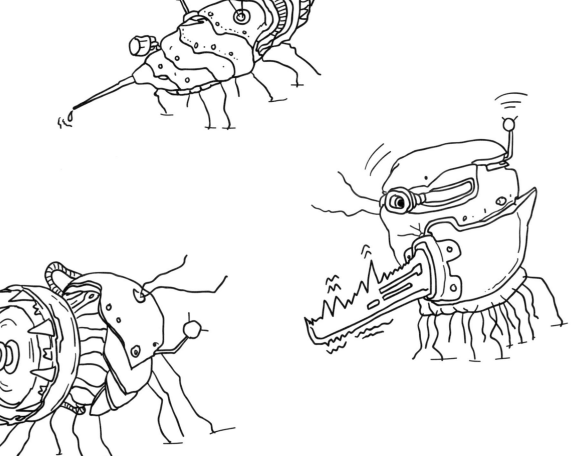

1米

⑧ $\dfrac{0}{95} \div \dfrac{16}{17} =$

我的小小间谍们可以找到你芯片上的微粒，并除掉它，连带着你的芯片一起除掉……啊哈哈！

发明家： **牛角男爵**

2

① $\dfrac{4}{17} + \dfrac{9}{17} =$

② $\dfrac{85}{233} + \dfrac{31}{233} =$

③ $\dfrac{51}{74} - \dfrac{11}{74} =$

④ $\dfrac{18}{35} - \dfrac{18}{35} =$

**在此放置你
的机器人**

⑤ $\dfrac{6}{9} \times \dfrac{9}{11} =$

⑥ $\dfrac{12}{19} \times \dfrac{3}{4} =$

并不是每次解题都需要新的诀窍。只要掌握了之前积累
的技能，就可以顺利完成这一回合的比赛。

4

⑦ $\dfrac{1}{2} \div \dfrac{5}{8} =$

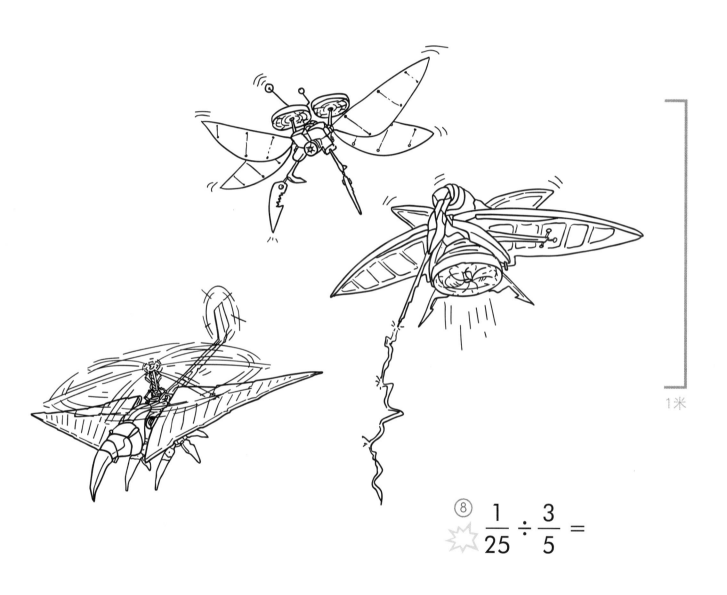

1米

⑧ $\dfrac{1}{25} \div \dfrac{3}{5} =$

能参加这场比赛是你的荣耀，难道不是吗？很可惜，你的比赛很快就要结束了！

发明家：**卡洛斯伯爵**

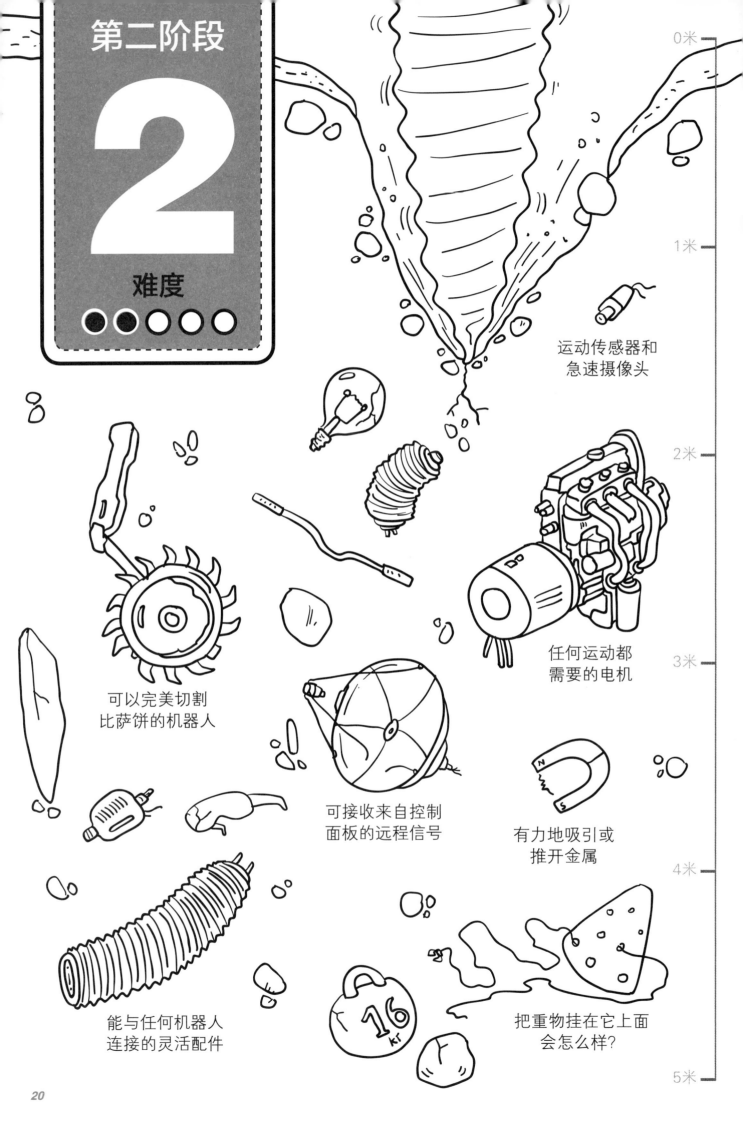

2

难度

0米

1米

运动传感器和
急速摄像头

2米

任何运动都
需要的电机

可以完美切割
比萨饼的机器人

3米

可接收来自控制
面板的远程信号

有力地吸引或
推开金属

4米

能与任何机器人
连接的灵活配件

把重物挂在它上面
会怎么样?

5米

新技术
走向这一轮比赛的胜利吧

记住整除的规律
数字除法

除以	假 设	例 如
2	个位数为 0, 2, 4, 6, 8	50 32 124 26 78
5	个位数为 0, 5	100 35
10	个位数为 0	34560
3	每位数字相加可以整除 3	471 ➝ 4+7+1=12
9	每位数字相加可以整除 9	693 ➝ 6+9+3 =18
4	后两位数字可以整除 4, 或者后两位为 00	7124 264 512 100
25	后两位为 00, 25, 50, 75	200 425 750 175

将因数扩展成多个数字

$81 = 9 \times 9 = 3 \times 3 \times 3 \times 3$ $52 = 26 \times 2 = 13 \times 2 \times 2$

173 质数只能被1和自身整除 $424 = 212 \times 2 = 53 \times 2 \times 2 \times 2$

约分

$$\frac{10}{18} = \frac{5 \times 2}{9 \times 2} = \frac{5 \times \cancel{2}^{1}}{9 \times \cancel{2}_{1}} = \frac{5}{9}$$

2 是分子和分母的公约数

我看到你已经在星球地下找到了一些有用的零件。安装在你的机器人上了吗？现在你要学习新的技术，否则你无法赢得这一轮比赛。

3

有用的诀窍

分数相乘时，首先将因数扩展成多个数字，再进行约分：

$$\frac{4}{5} \times \frac{15}{16} = \frac{4 \times 15}{5 \times 16} = \frac{4 \times 5 \times 3}{5 \times 4 \times 4} = \frac{4 \times 5 \times 3}{5 \times 4 \times 4} = \frac{\overset{1}{4} \times 5 \times 3}{5 \times \underset{1}{4} \times \underset{1}{4}} = \frac{3}{4}$$

对答案进行约分

① $\frac{6}{8} \times \frac{3}{4} =$

② $\frac{1}{2} \times \frac{2}{3} =$

**在此放置你
的机器人**

③ $\frac{10}{11} \times \frac{5}{12} =$

⑤ $\frac{2}{12} \times \frac{5}{6} =$

对手可以对你造成
双重伤害

④ $\frac{12}{18} \times \frac{8}{25} =$

从这回合的比赛开始要将所有答案约分至无法继续约
分，否则攻击和防守都将无效。

5

给对手造成
双倍伤害

⑥ $\dfrac{7}{9} \times \dfrac{4}{8} =$

⑦ $\dfrac{4}{16} \times \dfrac{1}{9} =$

1米

⑧ $\dfrac{10}{50} \times \dfrac{100}{500} =$

一天，我将包装纸扔到了垃圾箱中。就在那天晚上，我梦到这样的垃圾桶！

发明家： **纳米技术者**

③

 有用的诀窍

分数相除时，首先将因数扩展成多个数字，再进行约分：

$$\frac{2}{7} \div \frac{8}{21} = \frac{2 \times 21}{7 \times 8} = \frac{2 \times 7 \times 3}{7 \times 4 \times 2} = \frac{\overset{1}{\cancel{2}} \times \overset{1}{\cancel{7}} \times 3}{\underset{1}{\cancel{7}} \times 4 \times \underset{1}{\cancel{2}}} = \frac{3}{4}$$

① $\frac{2}{3} \div \frac{4}{5} =$

② $\frac{5}{12} \div \frac{4}{6} =$

**在此放置你
的机器人**

对答案进行约分

③ $\frac{10}{22} \div \frac{12}{14} =$

④ $\frac{7}{18} \div \frac{6}{9} =$

⑤ $\frac{100}{202} \div \frac{5}{6} =$

5

⑥ $\dfrac{3}{342} \div \dfrac{6}{342} =$

⑦ $\dfrac{1}{2} \div \dfrac{1}{4} =$

1米

⑧ $\dfrac{16}{23} \div \dfrac{9}{12} =$

汪!

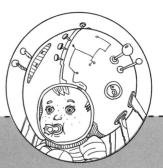

发明家：**宝宝**

③

 有用的诀窍

加减分数，并对答案进行约分：

$$\frac{1}{9} + \frac{2}{9} = \frac{1+2}{9} = \frac{3}{9} = \frac{3}{3 \times 3} = \frac{\cancel{3}^{\,1}}{\cancel{3}_{\,1} \times 3} = \frac{1}{3}$$

↖ 对答案进行约分

① $\frac{1}{4} + \frac{1}{4} =$

② $\frac{1}{36} + \frac{3}{36} =$

在此放置你的机器人

③ $\frac{7}{49} + \frac{7}{49} =$

④ $\frac{0}{25} + \frac{15}{25} =$

⑤ $\frac{17}{78} + \frac{34}{78} =$

⑥ $\frac{8}{9} - \frac{2}{9} =$

⑦ $\frac{100}{102} - \frac{49}{102} =$

⑧ $\dfrac{287}{297} - \dfrac{122}{297} =$

想象并画出
卡洛斯伯爵的机器人。

1米

我准备检查你的图纸
了，就这样吧……

发明家：**卡洛斯伯爵**

3

 有用的诀窍

分母相同的分数可以直接相加或相减分子。当两个分数的分母相差十倍时，计算方法如下：

$$\frac{3}{5} + \frac{7}{50} \rightarrow (5 \times 10 = 50) \rightarrow \frac{3^{\times 10}}{5_{\times 10}} + \frac{7}{50} = \frac{30}{50} + \frac{7}{50} = \frac{37}{50}$$

① $\frac{1}{2} + \frac{1}{20} =$

给答案约分

② $\frac{3}{10} + \frac{5}{100} =$

**在此放置你
的机器人**

③ $\frac{4}{12} + \frac{12}{120} =$

④ $\frac{7}{9} + \frac{16}{90} =$

⑤ $\frac{2}{50} + \frac{50}{500} =$

⑥ $\frac{16}{180} - \frac{1}{18} =$

5

⑦ $\dfrac{1}{3} - \dfrac{1}{30} =$

⑧ $\dfrac{6}{24} - \dfrac{20}{240} =$

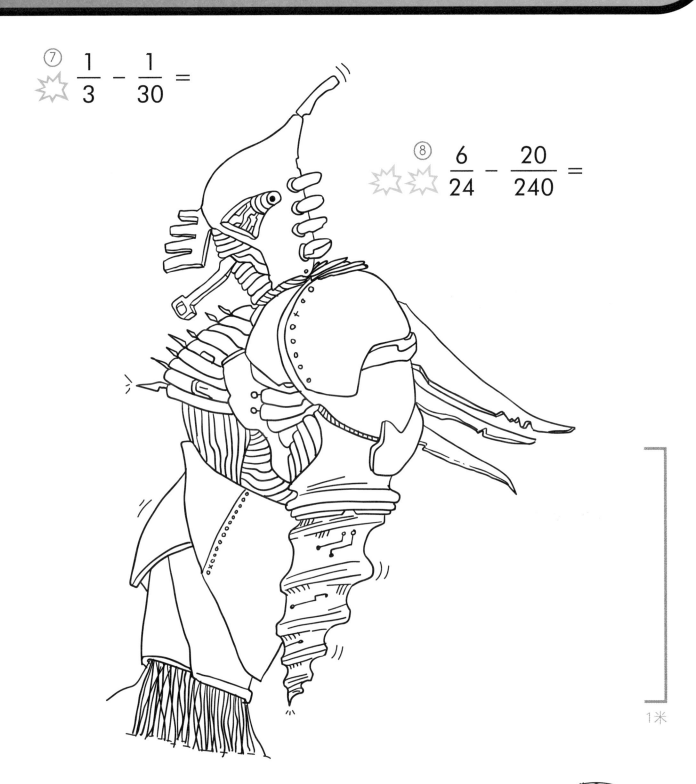

1米

我的战士会在你的机器人上钻几个洞，让它看起来就像个多孔的奶酪！

发明家：**牛角男爵**

有用的诀窍

将较小分母的分数乘以一个数，使两个分数的分母相同，再进行加减运算：

$$\frac{4}{9} + \frac{7}{36} \rightarrow \boxed{9 \times 4 = 36} \rightarrow \frac{4}{9}^{\times 4}_{\times 4} + \frac{7}{36} = \frac{16}{36} + \frac{7}{36} = \frac{23}{36}$$

对答案进行约分

① $\frac{1}{2} + \frac{1}{4} =$

② $\frac{2}{5} + \frac{2}{10} =$

在此放置你的机器人

③ $\frac{7}{56} + \frac{3}{8} =$

④ $\frac{16}{18} + \frac{1}{36} =$

⑤ $\frac{9}{10} - \frac{3}{30} =$

⑥ $\frac{6}{102} - \frac{2}{51} =$

5

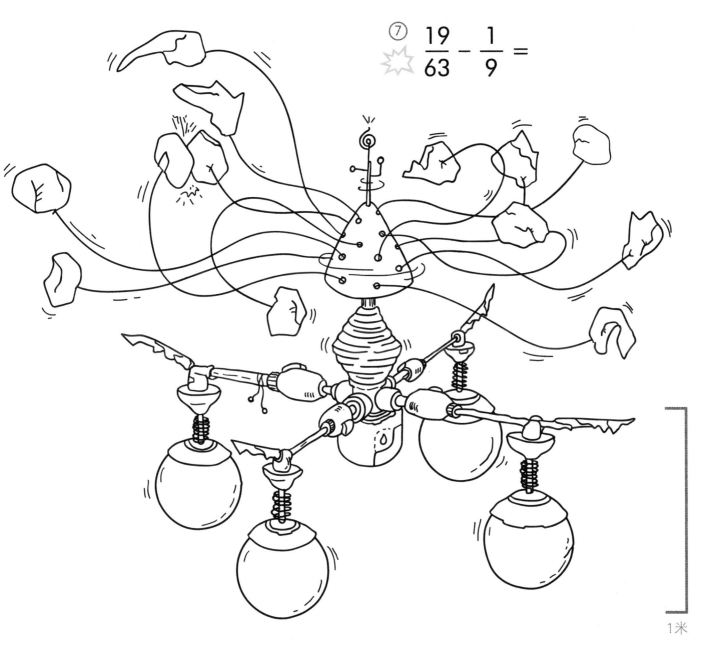

⑦ $\dfrac{19}{63} - \dfrac{1}{9} =$

1米

⑧ $\dfrac{185}{224} - \dfrac{6}{56} =$

你看我的脱谷机怎么样？你想控制它根本不可能。它凶起来连自己都会伤到。

发明家：**戴茜**

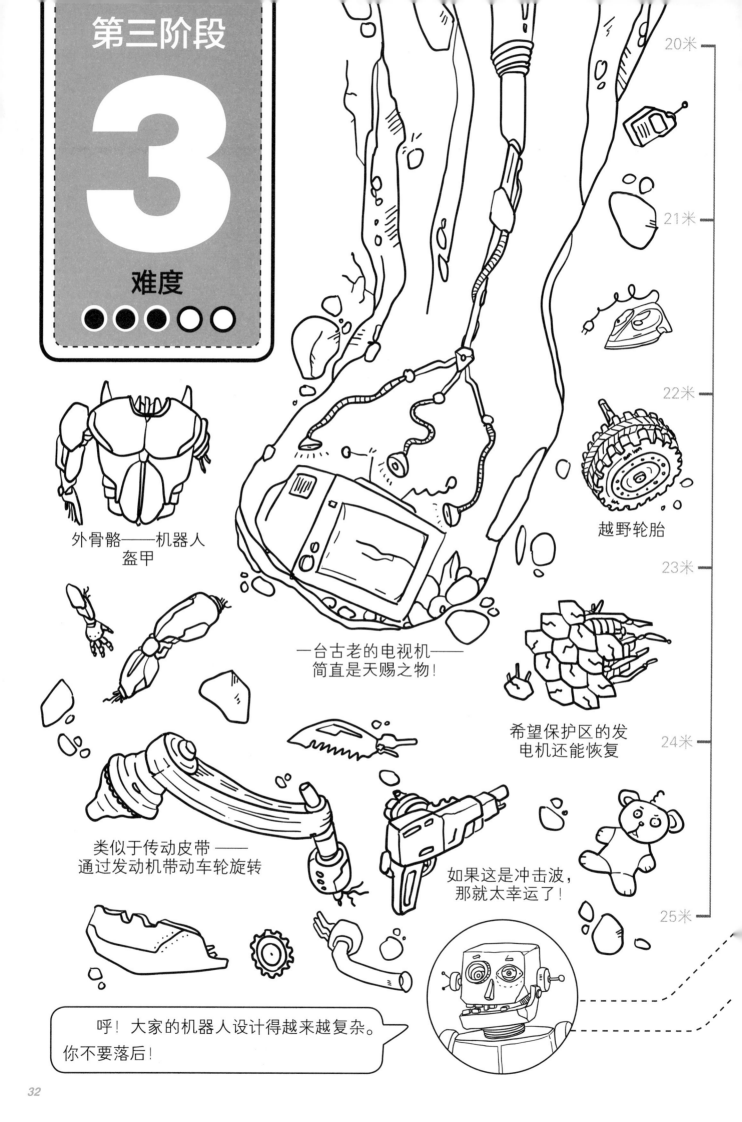

第三阶段

3

难度
●●●○○

外骨骼——机器人
盔甲

越野轮胎

一台古老的电视机——
简直是天赐之物！

希望保护区的发
电机还能恢复

类似于传动皮带 ——
通过发动机带动车轮旋转

如果这是冲击波，
那就太幸运了！

呼！大家的机器人设计得越来越复杂。
你不要落后！

20米
21米
22米
23米
24米
25米

新技术
走向这一轮比赛的胜利吧

将两个不同分母的分数进行通分

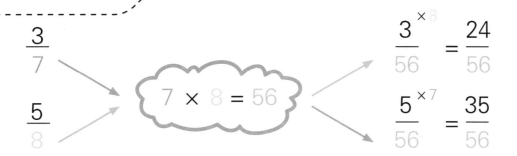

$$\frac{3}{7}$$
$$\frac{5}{8}$$

$$7 \times 8 = 56$$

$$\frac{3^{\times 8}}{56} = \frac{24}{56}$$

$$\frac{5^{\times 7}}{56} = \frac{35}{56}$$

找到两个分数的最小公分母

$$\frac{4}{9} = \frac{4}{3 \times 3}$$

$$\frac{5}{6} = \frac{5}{3 \times 2}$$

$$3 \times 3 \times 2 = 18$$
$$3 \times 2 \times 3 = 18$$

$$\frac{4^{\times 2}}{18} = \frac{8}{18}$$

$$\frac{5^{\times 3}}{18} = \frac{15}{18}$$

18 是最小公分母

真分数	假分数
$\frac{4}{13}$ 4 < 13 分子小于分母	$\frac{17}{5}$ 17 > 5 分子大于分母

将假分数变成带有整数的分数

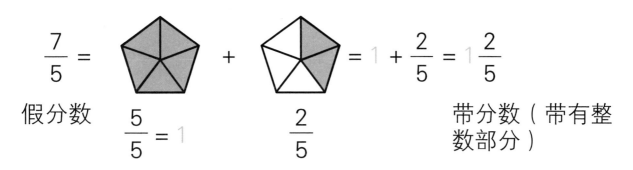

$$\frac{7}{5} = \quad + \quad = 1 + \frac{2}{5} = 1\frac{2}{5}$$

假分数 $\frac{5}{5} = 1$ $\frac{2}{5}$ 带分数（带有整数部分）

4

 有用的诀窍

通分后将分数相加减：

$$\frac{3}{7} + \frac{5}{9} = \frac{3^{\times 9}}{7_{\times 9}} + \frac{5^{\times 7}}{9_{\times 7}} = \frac{27}{63} + \frac{35}{63} = \frac{62}{63}$$

将答案约分

① $\frac{1}{2} + \frac{1}{3} =$

② $\frac{2}{5} + \frac{3}{6} =$

在此放置你的机器人

③ $\frac{3}{4} - \frac{2}{3} =$

④ $\frac{7}{8} - \frac{3}{12} =$

⑤ $\frac{9}{16} + \frac{5}{12} =$

⑥ $\frac{7}{20} + \frac{2}{30} =$

⑦ $\frac{14}{15} - \frac{7}{10} =$

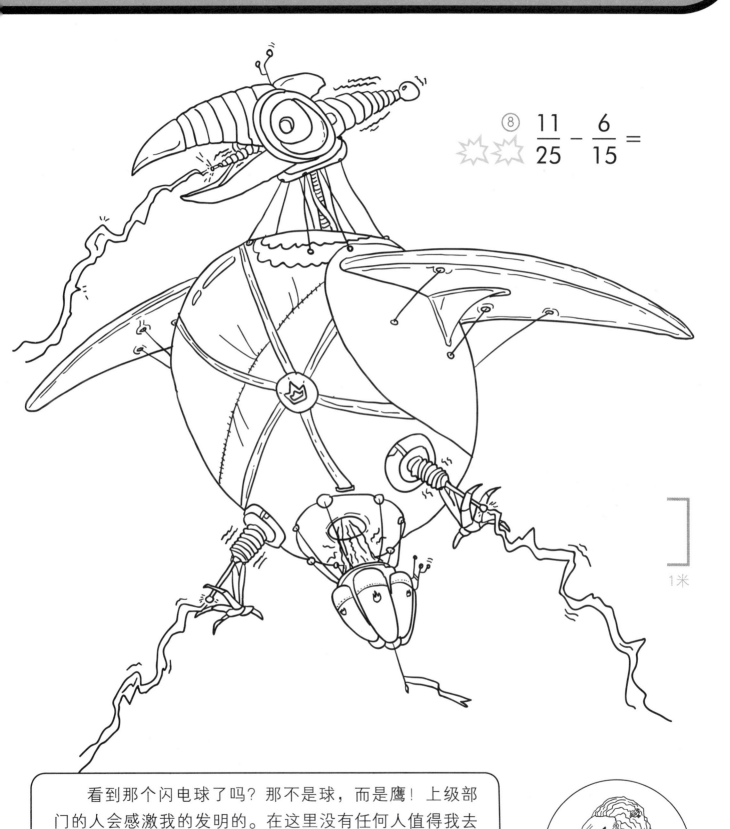

$$⑧ \quad \frac{11}{25} - \frac{6}{15} =$$

1米

看到那个闪电球了吗？那不是球，而是鹰！上级部门的人会感激我的发明的。在这里没有任何人值得我去赞赏。

发明家：**卡洛斯伯爵**

④

 有用的诀窍

找到两个分数的最小公分母，然后进行加减运算：

$$\frac{7}{8} - \frac{1}{6} \rightarrow \boxed{8 = 2 \times 2 \times 2 \quad \rightarrow \quad 2 \times 2 \times 2 \times 3 = 24} \rightarrow$$
$$6 = 3 \times 2$$

$$\rightarrow \frac{7}{8}^{\times 3}_{\times 3} - \frac{1}{6}^{\times 4}_{\times 4} = \frac{21}{24} - \frac{4}{24} = \frac{17}{24}$$

在此放置你的机器人

① $\frac{11}{20} + \frac{3}{16} =$

② $\frac{4}{7} + \frac{3}{14} =$

③ $\frac{3}{11} + \frac{4}{12} =$

⑤ $\frac{9}{10} - \frac{9}{27} =$

④ $\frac{7}{9} - \frac{2}{14} =$

⑥ $\frac{3}{4} - \frac{1}{6} =$

对手:

⑦ $\dfrac{5}{8} - \dfrac{3}{9} =$

⑧ $\dfrac{3}{14} + \dfrac{3}{8} =$

发挥想象画出
牛角男爵的机器人。

1米

你都不能用钉子打中电动盘！我凭什么要信任
你去设计我的机器人？但规则就是这样。

发明家：**牛角男爵**

有用的诀窍

解出例题，将答案化成带分数（带有整数部分）：

$$\frac{16}{3} + \frac{4}{3} = \frac{20}{3} \rightarrow \boxed{20 = 6 \times 3 + 2} \rightarrow 6\frac{2}{3}$$

化成整数

① $\frac{162}{30} + \frac{84}{30} =$

在此放置你的机器人

② $\frac{19}{17} + \frac{151}{17} =$

③ $\frac{6}{5} + \frac{7}{5} =$

④ $\frac{3}{2} + \frac{5}{2} =$

将答案约分

⑤ $\frac{3}{14} + \frac{14}{14} =$

6

⑥
$$\frac{5}{2} - \frac{1}{2} =$$

⑦
$$\frac{100}{13} - \frac{23}{13} =$$

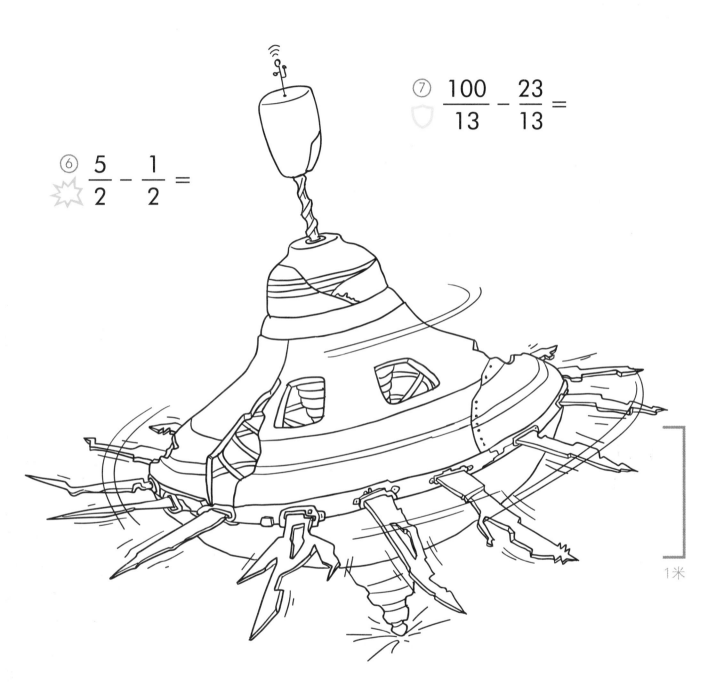

1米

⑧
$$\frac{55}{2} - \frac{7}{2} =$$

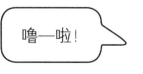

噜—啦！

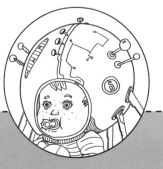

发明家：**宝宝**

有用的诀窍

解出例题，使一个分数与另一个分数分母相同，并将答案化成带分数：

$$\frac{7}{5}_{\,15=5\times3} + \frac{2}{15} = \frac{7^{\times3}}{5_{\times3}} + \frac{2}{15} = \frac{21}{15} + \frac{2}{15} = \frac{23^{\,23=15\times1+8}}{15} = 1\frac{8}{15}$$

① $\dfrac{4}{5} + \dfrac{16}{10} =$

在此放置你
的机器人

② $\dfrac{7}{3} + \dfrac{4}{24} =$

③ $\dfrac{9}{10} + \dfrac{14}{60} =$

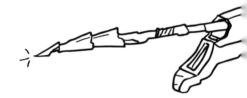

④ $\dfrac{81}{54} - \dfrac{3}{6} =$

⑤ $\dfrac{3}{2} - \dfrac{1}{6} =$

6

⑥ $\dfrac{8}{3} - \dfrac{9}{27} =$

⑦ $\dfrac{83}{5} - \dfrac{5}{25} =$

⑧ $\dfrac{174}{4} - \dfrac{21}{8} =$

1米

速度、吹在脸上的风、路上扬起的尘土——还有什么比这些更酷？不过这辆自行车不仅不需要司机，还会射出锋利的矛，坚持住吧！

发明家：**戴茜**

4

有用的诀窍

解出例题，将两个分数进行通分，并将答案化为带分数：

$$\frac{9}{7} - \frac{1}{4} = \frac{9^{\times 4}}{7_{\times 4}} - \frac{1^{\times 7}}{4_{\times 7}} = \frac{36}{28} - \frac{7}{28} = \overset{29 = 28 \times 1 + 1}{\frac{29}{28}} = 1\frac{1}{28}$$

① $\dfrac{3}{2} + \dfrac{5}{3} =$

② $\dfrac{12}{4} + \dfrac{9}{5} =$

③ $\dfrac{17}{9} + \dfrac{5}{6} =$

在此放置你的机器人

④ $\dfrac{50}{7} + \dfrac{4}{8} =$

⑤ $\dfrac{3}{2} - \dfrac{1}{7} =$

⑥ $\dfrac{17}{2} - \dfrac{15}{9} =$

哦—哦—哦！精确的攻击是技巧的标志。正确地解出例题，在不受到任何伤害的情况下将对手的设计拆卸，并将零件用于自己的机器人！

⑦ $\dfrac{9}{6} - \dfrac{3}{7} =$

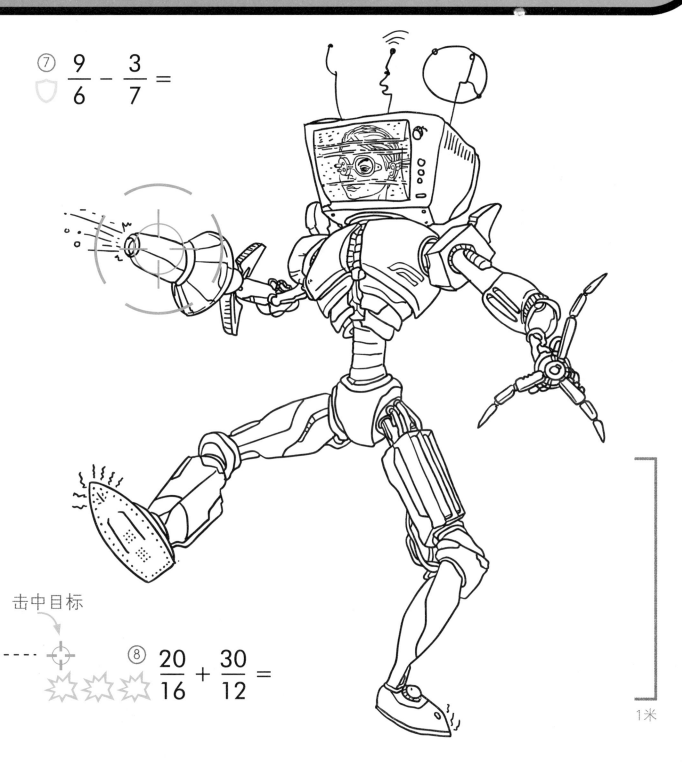

1米

击中目标

⑧ $\dfrac{20}{16} + \dfrac{30}{12} =$

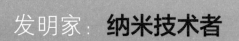

电视机、手机、网络……那里的垃圾和其他地方一样多。朋友，你要仔细处理这些信息。我来教你怎么将垃圾分类。

发明家：**纳米技术者**

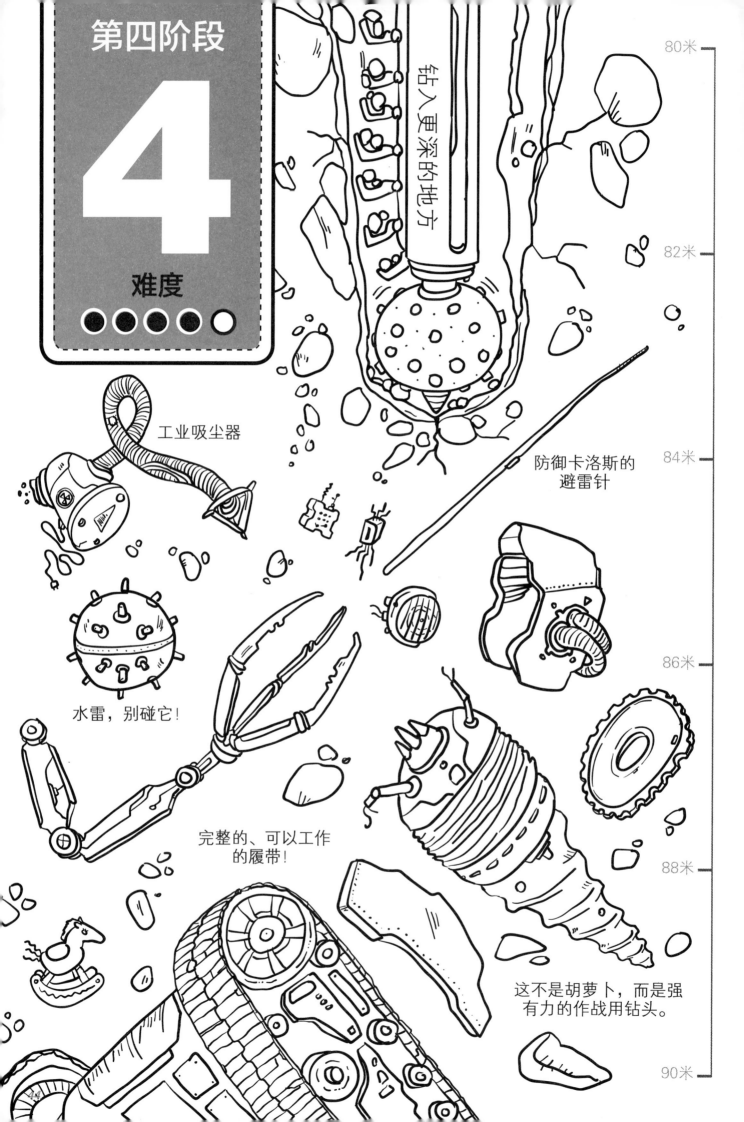

80米

82米

84米

86米

88米

90米

第四阶段

4

难度

● ● ● ● ○

钻入更深的地方

工业吸尘器

防御卡洛斯的
避雷针

水雷，别碰它！

完整的、可以工作
的履带！

这不是胡萝卜，而是强
有力的作战用钻头。

新技术
走向这一轮比赛的胜利吧

将带分数化为假分数

$$7\frac{3}{8} = 7 + \frac{3}{8} = \frac{7}{1} + \frac{3}{8} = \frac{7}{1}^{\times 8}_{\times 8} + \frac{3}{8} = \frac{56}{8} + \frac{3}{8} = \frac{59}{8}$$

带分数　　　　　　　　　　　　　　　　　　　　　　　　　假分数

将整数部分的一个单位化为分数，有时这很有用

$$7\frac{3}{8} = 7 + \frac{3}{8} = 6 + 1 + \frac{3}{8} = 6 + \frac{8}{8} + \frac{3}{8} = 6 + \frac{11}{8} = 6\frac{11}{8}$$

带分数　　　　　　　　　　　　　　　　　　　　　　　　　假分数

好了好了！不要放慢脚步，继续在难度更高的第四阶段战胜你的对手吧！

5

有用的诀窍

分数相乘，将分子、分母扩展成多个数字，进行约分，最后将答案化成带分数：

$$\frac{8}{3} \times \frac{15}{14} = \frac{\cancel{2} \times 2 \times 2 \times 5 \times \cancel{3}}{\cancel{3} \times 7 \times \cancel{2}} = \frac{2 \times 2 \times 5}{7} = \frac{20}{7} = 2\frac{6}{7}$$

（$20 = 7 \times 2 + 6$）

① $\frac{7}{4} \times \frac{2}{3} =$

② $\frac{9}{4} \times \frac{8}{3} =$

在此放置你的机器人

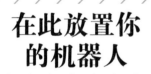 ③ $6 \times \frac{14}{4} =$

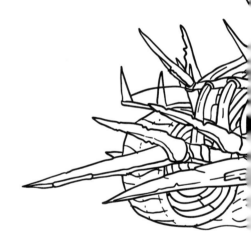

④ $\frac{14}{18} \times \frac{9}{7} =$

⑤ $\frac{9}{5} \times \frac{6}{9} =$

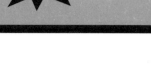

⑥ $\dfrac{12}{15} \times \dfrac{9}{4} =$

⑦ $\dfrac{25}{7} \times \dfrac{12}{5} =$

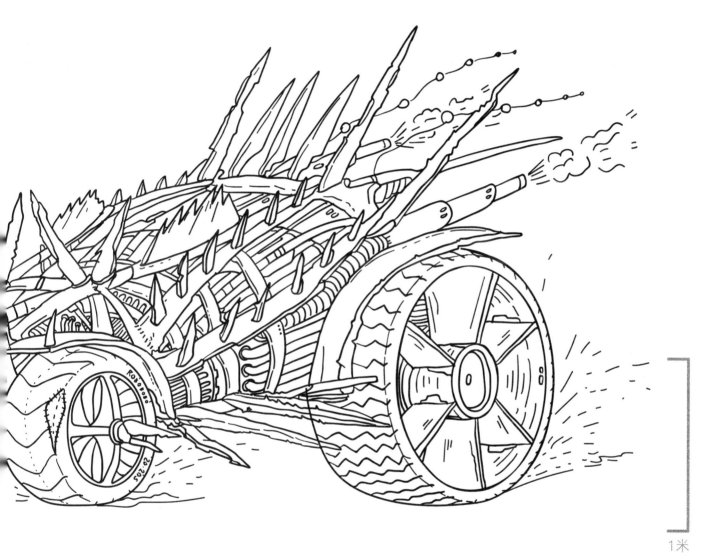

1米

⑧ $\dfrac{17}{11} \times \dfrac{22}{12} =$

一般情况下，我不是一个邪恶的女孩，但有时我也会有一颗带刺的心！

发明家：**戴茜**

有用的诀窍

分数相除，将分子、分母扩展成多个数字，进行约分，最后将答案化成带分数或整数：

$$\frac{4}{5} \div \frac{2}{25} = \frac{4}{5} \times \frac{25}{2} = \frac{2 \times 2 \times 5 \times 5}{5 \times 2} = \frac{2 \times 5}{1} = \frac{10}{1} = 10$$

① $\frac{3}{5} \div \frac{2}{7}$

② $\frac{9}{4} \div \frac{1}{4} =$

在此放置你的机器人

③ $\frac{14}{6} \div \frac{5}{9} =$

④ $\frac{17}{18} \div \frac{2}{3} =$

⑤ $\frac{10}{3} \div 20 =$

⑥ $\frac{2}{3} \div \frac{7}{35} =$

⑦ $6 \div \dfrac{1}{5} =$

⑧ $\dfrac{14}{32} \div \dfrac{3}{8} =$

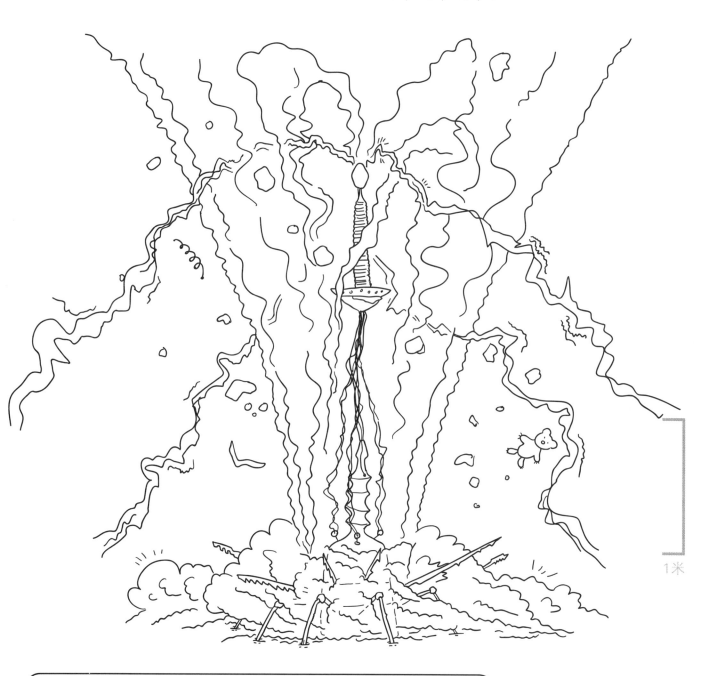

1米

这个比赛开始让我有些厌倦了。是时候出动我的手工龙卷风来结束比赛了。我敢肯定，它甚至都能将牛角男爵吹走。

发明家：**卡洛斯伯爵**

有用的诀窍

分母相同的带分数作加减法（答案化成带分数或整数）：

$$3\frac{2}{7} + \frac{6}{7} = 3 + \frac{2}{7} + \frac{6}{7} = 3 + \frac{8}{7} = 3 + 1\frac{1}{7} = 4\frac{1}{7}$$

① $2\frac{1}{3} + \frac{2}{3} =$

② $\frac{2}{5} + 3\frac{3}{5} =$

**在此放置你
的机器人**

③ $3\frac{2}{11} + \frac{5}{11} =$

④ $6\frac{1}{7} + \frac{6}{7} =$

⑤ $3\frac{4}{7} - \frac{2}{7} =$

⑥ $7 + \frac{4}{9} =$

发明家： **牛角男爵**

⊕ ⑦
☆☆ $4\dfrac{7}{8} - \dfrac{3}{8} =$

⑧
$12\dfrac{3}{4} - 7\dfrac{1}{4} =$

1米

> 　　两个高速钻头，装甲防御，我希望你已经开始恐惧并准备好祈求怜悯了。嗯……让我想一想，不，怜悯你是不可能的！

⑤

 有用的诀窍

分母不同的带分数作加减运算时，要将分母进行通分：

$$5\frac{3}{10} + 6\frac{1}{2} = 5 + \frac{3}{10} + 6 + \frac{1^{\times 5}}{2_{\times 5}} = 5 + \frac{3}{10} + 6 + \frac{5}{10} = 11\frac{8}{10} = 11\frac{4}{5}$$

① $3\frac{1}{3} + \frac{5}{6} =$

② $\frac{1}{8} + 5\frac{9}{16} =$

在此放置你的机器人

③ $6\frac{3}{13} + \frac{7}{26} =$

④ $12\frac{2}{3} + 7\frac{5}{12} =$

⑤ $9\frac{3}{4} - \frac{5}{8} =$

⑥ $37\frac{1}{6} - 20\frac{5}{18} =$

7

⑦ $9\dfrac{2}{3} - 7\dfrac{4}{6} =$

发挥想象画出
纳米技术者的机器人。

1米

⑧ $10\dfrac{9}{24} - 5\dfrac{3}{48} =$

你知道弦理论吗？或者编程纳米芯片？也许你知道神经网络领域的先进发展？你在数学方面怎么样？真是不敢相信，你能帮助我做机器人……

发明家：**纳米技术者**

有用的诀窍

找到两个不同分母的最小公倍数，解出例题。如需要，可以从整数中取出一个单位，进行加减运算：

$$9\frac{2}{5} - 5\frac{4}{7} = 9 + \frac{2}{5} - \left(5 + \frac{4}{7}\right) = 9 + \frac{2^{\times 7}}{5_{\times 7}} - 5 - \frac{4^{\times 5}}{7_{\times 5}} = 4 + \frac{14}{35} - \frac{20}{35} =>$$

$$=> 3 + 1 + \frac{14}{35} - \frac{20}{35} = 3 + \frac{35}{35} + \frac{14}{35} - \frac{20}{35} = 3 + \frac{29}{35} = 3\frac{29}{35}$$

在此放置你的机器人

① $4\frac{2}{3} - \frac{3}{4} =$

② $9\frac{1}{6} - 3\frac{4}{9} =$

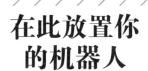 ③ $3\frac{2}{9} + 8\frac{4}{5} =$

④ $6\frac{2}{9} - 5\frac{7}{8} =$

⑤ $5\frac{11}{15} - 2\frac{3}{4} =$

⑥ $3\dfrac{7}{17} + 2\dfrac{9}{15} =$

⑦ $1\dfrac{3}{20} + 1\dfrac{7}{30} =$

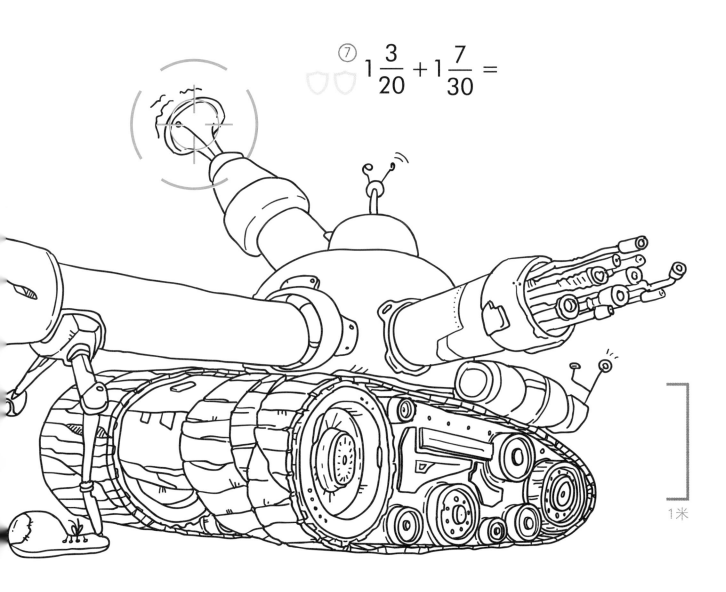

1米

⑧ $8\dfrac{6}{7} - \dfrac{3}{4} =$

叭—叭！

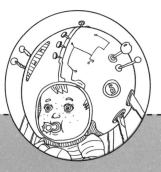

发明家：**宝宝**

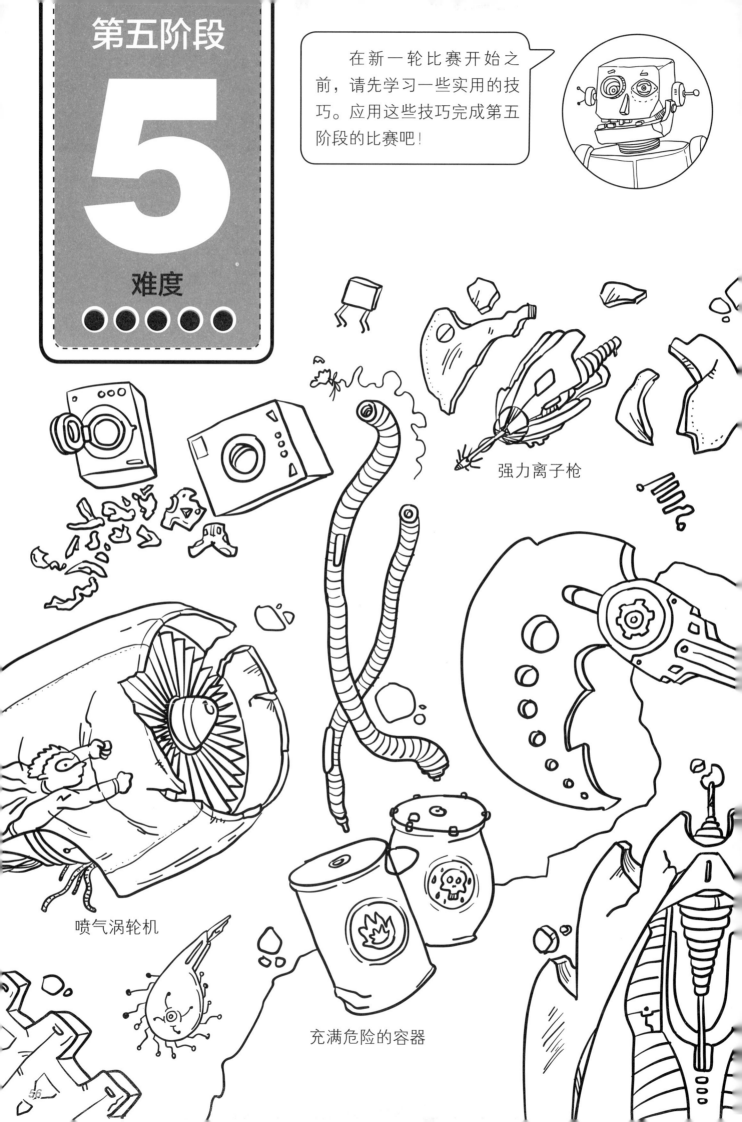

第五阶段

5

难度

在新一轮比赛开始之前，请先学习一些实用的技巧。应用这些技巧完成第五阶段的比赛吧！

强力离子枪

喷气涡轮机

充满危险的容器

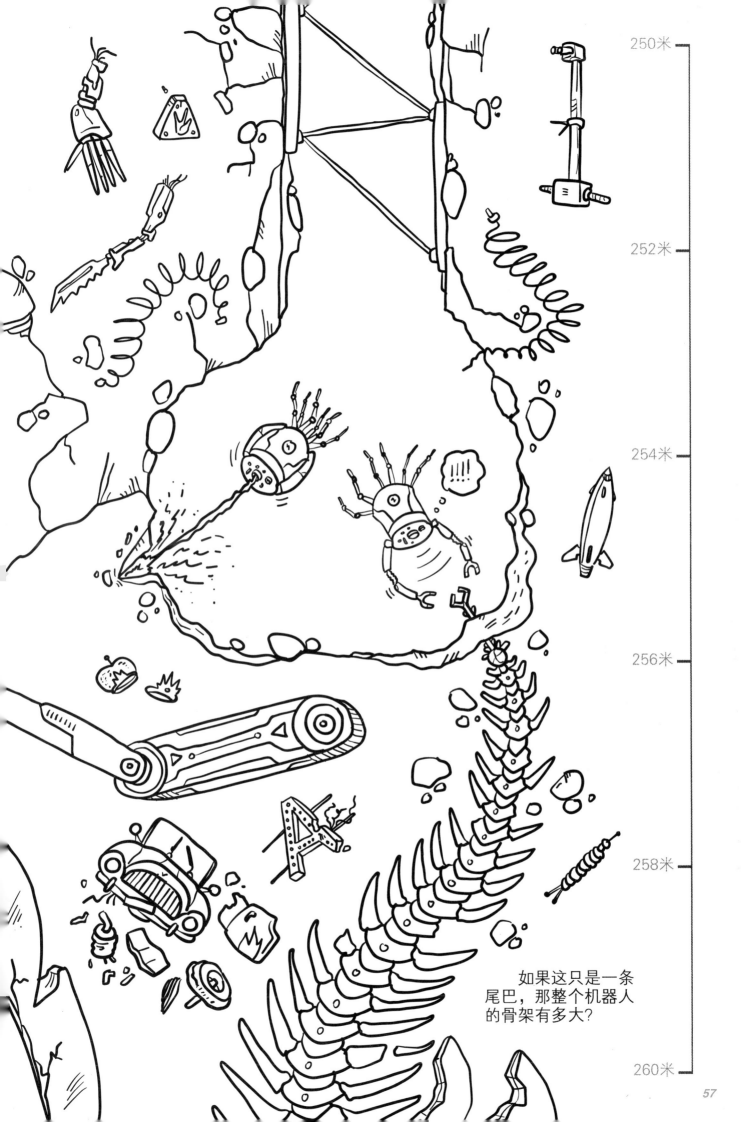

如果这只是一条
尾巴，那整个机器人
的骨架有多大？

250米

252米

254米

256米

258米

260米

6

 有用的诀窍

将带分数进行乘法运算：

$$2\frac{1}{4} \times 2\frac{4}{9} = \left(\frac{8}{4} + \frac{1}{4}\right) \times \left(\frac{18}{9} + \frac{4}{9}\right) = \frac{9}{4} \times \frac{22}{9} = \frac{\overset{1}{\cancel{9}} \times \overset{1}{\cancel{2}} \times \overset{1}{11}}{\underset{1}{\cancel{2}} \times 2 \times \underset{1}{\cancel{9}}} =>$$

$$=> \frac{11}{2} = \frac{10+1}{2} = \frac{10}{2} + \frac{1}{2} = \frac{5}{1} + \frac{1}{2} = 5\frac{1}{2}$$

① $\frac{3}{4} \times 2\frac{2}{7} =$

② $10\frac{2}{3} \times 6 =$

在此放置你的机器人

③ $7 \times 8\frac{5}{14} =$

④ $2\frac{1}{2} \times 2\frac{3}{4} =$

⑤ $7\frac{3}{8} \times 3\frac{5}{9} =$

⑥ $2\frac{16}{21} \times 4\frac{7}{8} =$

⑦ $24 \times 2\frac{5}{8} =$

难度 ⬤⬤⬤⬤⬤

对手：**吞噬者**

⑧ $3\frac{2}{5} \times 16\frac{1}{4} =$

⑨ $4\frac{1}{16} \times 16 =$

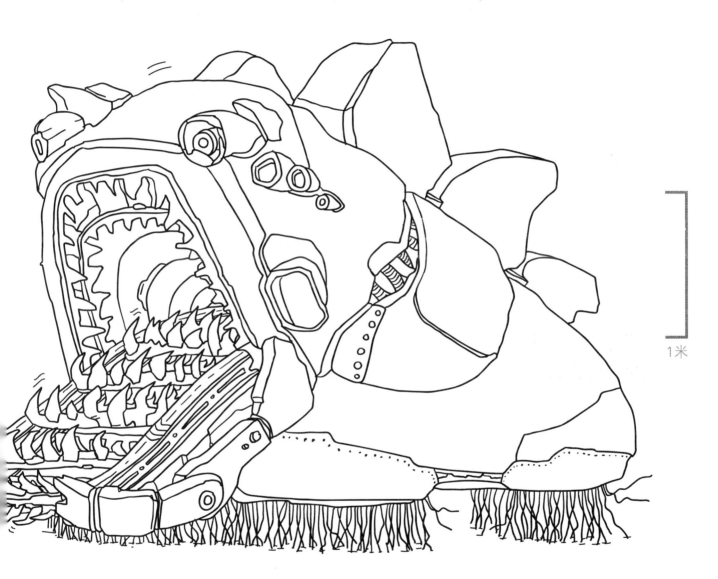

1米

当卡洛斯伯爵的机器人丧失了耐心从天而降时，我的吞噬者就会爬起来。它们最喜欢的食物是无能的卡洛斯伯爵脆弱的小骨头。同时，吞噬者会好好招待你的机器人。祝我们用餐愉快！

发明家：**牛角男爵**

59

有用的诀窍

将带分数进行除法运算:

$$1\frac{2}{3} \div 5 = 1\frac{2}{3} \times \frac{1}{5} = \left(\frac{3}{3} + \frac{2}{3}\right) \times \frac{1}{5} = \frac{5}{3} \times \frac{1}{5} = \frac{\overset{1}{\cancel{5}} \times 1}{3 \times \underset{1}{\cancel{5}}} = \frac{1}{3}$$

① $\frac{1}{5} \div 5\frac{1}{2} =$

② $8 \div \frac{1}{2} =$

③ $3\frac{5}{8} \div 5\frac{5}{8} =$

在此放置你的机器人

④ $10 \div 5\frac{15}{42} =$

⑤ $10\frac{5}{16} \div 10\frac{1}{8} =$

⑥ $3\frac{4}{11} \div 2\frac{5}{11} =$

⑦ $99\frac{9}{10} \div 5\frac{1}{10} =$

8

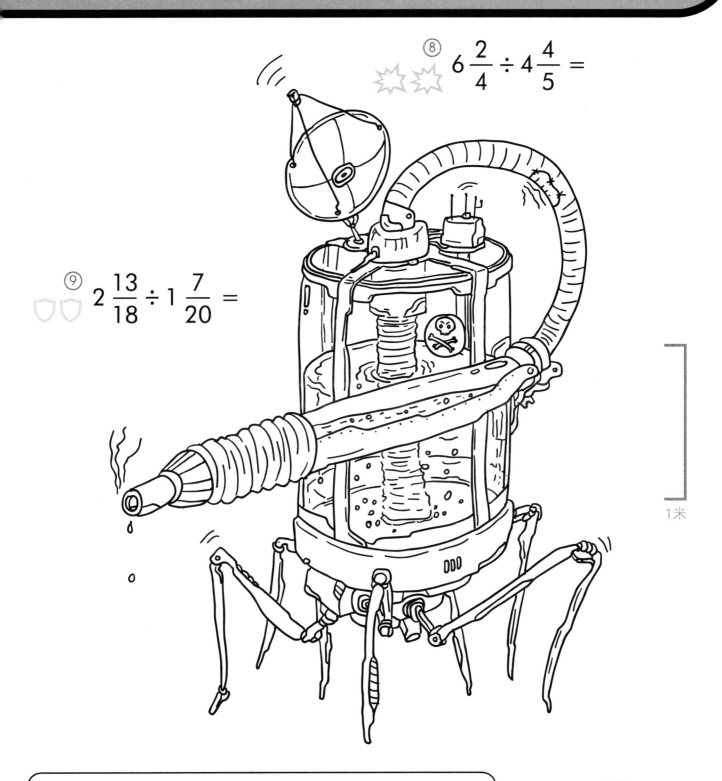

⑧ $6\frac{2}{4} \div 4\frac{4}{5} =$

⑨ $2\frac{13}{18} \div 1\frac{7}{20} =$

1米

所有丢弃的瓶子、吐出的口香糖、乱扔的塑料袋，还有你的机器人都逃脱不了一个命运——被我发明的机器人用酸溶解掉！

发明家：**纳米技术者**

有用的诀窍

三个分数的乘除法混合运算：

$$\frac{22}{3} \div \frac{8}{15} \times \frac{2}{27} = \frac{22 \times 15 \times 2}{3 \times 8 \times 27} = \frac{11 \times 2 \times 5 \times 2 \times 2}{3 \times 2 \times 2 \times 2 \times 27} = \frac{55}{54} = 1\frac{1}{54}$$

① $\frac{1}{2} \times \frac{5}{2} \times \frac{1}{2} =$

② $\frac{2}{3} \times \frac{2}{5} \times \frac{7}{8} =$

③ $\frac{4}{9} \div \frac{3}{18} \times \frac{2}{5} =$

在此放置你的机器人

④ $\frac{25}{7} \times \frac{34}{5} \times \frac{7}{15} =$

⑤ $\frac{32}{9} \div \frac{8}{9} \div \frac{3}{2} =$

⑥ $\frac{17}{2} \times \frac{2}{3} \div \frac{4}{3} =$

⑦ $\frac{1}{20} \times \frac{9}{3} \div \frac{6}{5} =$

⑧ $\dfrac{234}{185} \times \dfrac{37}{13} \div \dfrac{18}{5} =$

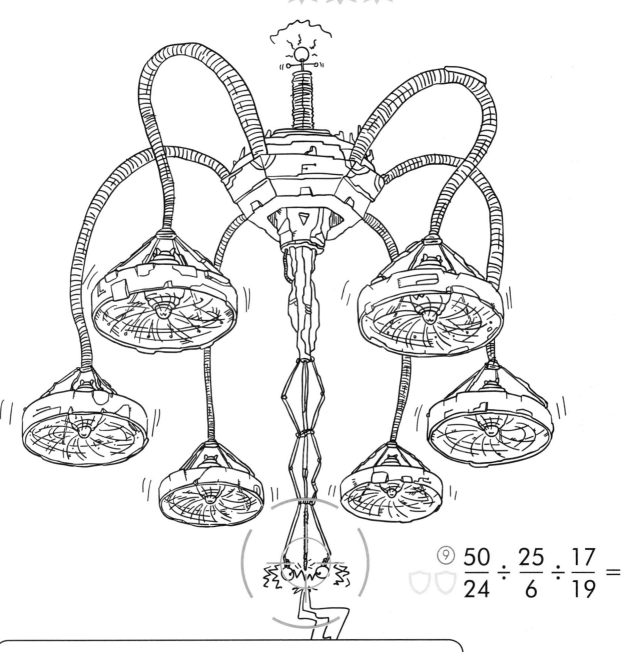

1米

⑨ $\dfrac{50}{24} \div \dfrac{25}{6} \div \dfrac{17}{19} =$

这场愚蠢的比赛该结束了。所有人都明白，获胜者必将是我。为了证实这一点，我发明了机器人六宝座，它有六个螺旋桨，用工业风扇制成，并配有最强大的闪电增压器……我不多说了。胜利就在眼前，好吧！

发明家： **卡洛斯伯爵**

6

 有用的诀窍
三个分数的乘除法混合运算：

$$2\frac{2}{7} \times 3\frac{3}{4} \div \frac{5}{7} = \left(\frac{14}{7} + \frac{2}{7}\right) \times \left(\frac{12}{4} + \frac{3}{4}\right) \times \frac{7}{5} =>$$

$$=> \frac{\overset{4}{\cancel{16}} \times \overset{3}{\cancel{15}} \times \overset{1}{\cancel{7}}}{\underset{1}{\cancel{7}} \times \underset{1}{\cancel{4}} \times \underset{1}{\cancel{5}}} = \frac{4 \times 3}{1} = 12$$

① $2\frac{1}{3} \times \frac{3}{4} \div 1\frac{3}{8} =$

② $\frac{3}{5} \times 5\frac{1}{6} \div 8\frac{1}{2} =$

在此放置你的机器人

③ $4\frac{4}{5} \div 4\frac{4}{5} \div 4\frac{4}{5} =$

④ $2\frac{26}{37} \times \frac{4}{50} \div 16 =$

⑤ $\frac{5}{18} \times 6\frac{24}{35} \times 3\frac{5}{7} =$

⑥ $13\frac{5}{14} \div 4\frac{6}{7} \div 8\frac{4}{5} =$

⑦ $5\frac{5}{8} \times \frac{7}{30} \times 5\frac{1}{3} =$

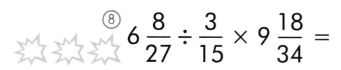

难度 ⬤⬤⬤⬤⬤

对手：**喷火龙**

8

⑧ $6\frac{8}{27} \div \frac{3}{15} \times 9\frac{18}{34} =$

1米

⑨ $1\frac{43}{55} \div 2\frac{4}{5} \times 4\frac{2}{7} =$

呼——呼！

发明家：**宝宝**

① $2\dfrac{4}{9} \div \dfrac{13}{27} \times 5\dfrac{1}{5} =$

② $\dfrac{25}{28} \times 4\dfrac{1}{5} \div \dfrac{3}{4} =$

③ $39\dfrac{3}{8} \times 1 \div 7 \times 1\dfrac{9}{21} =$

④ $12\dfrac{2}{3} \times 1\dfrac{1}{19} \div \dfrac{2}{7} =$

**在此放置你
的机器人**

⑤ $\dfrac{4}{23} \times 25\dfrac{5}{9} \div \dfrac{8}{29} =$

⑥ $\dfrac{5}{8} \div \dfrac{28}{40} \times 3\dfrac{1}{5} =$

⑦ $1\dfrac{5}{14} \times \dfrac{6}{95} \times 2\dfrac{1}{3} =$

8

⑧ $1\dfrac{1}{24} \times 11\dfrac{1}{5} \div 1\dfrac{13}{15} =$

发挥想象画出
戴茜的机器人。

1米

⑨ $9\dfrac{3}{8} \div 4\dfrac{11}{16} \times 5\dfrac{2}{3} =$

知道吗，我预感我们会做出一个超棒的机器人！把那把
螺丝刀递给我。怎么样，我们准备做一个什么样的机器人？

发明家：**戴茜**

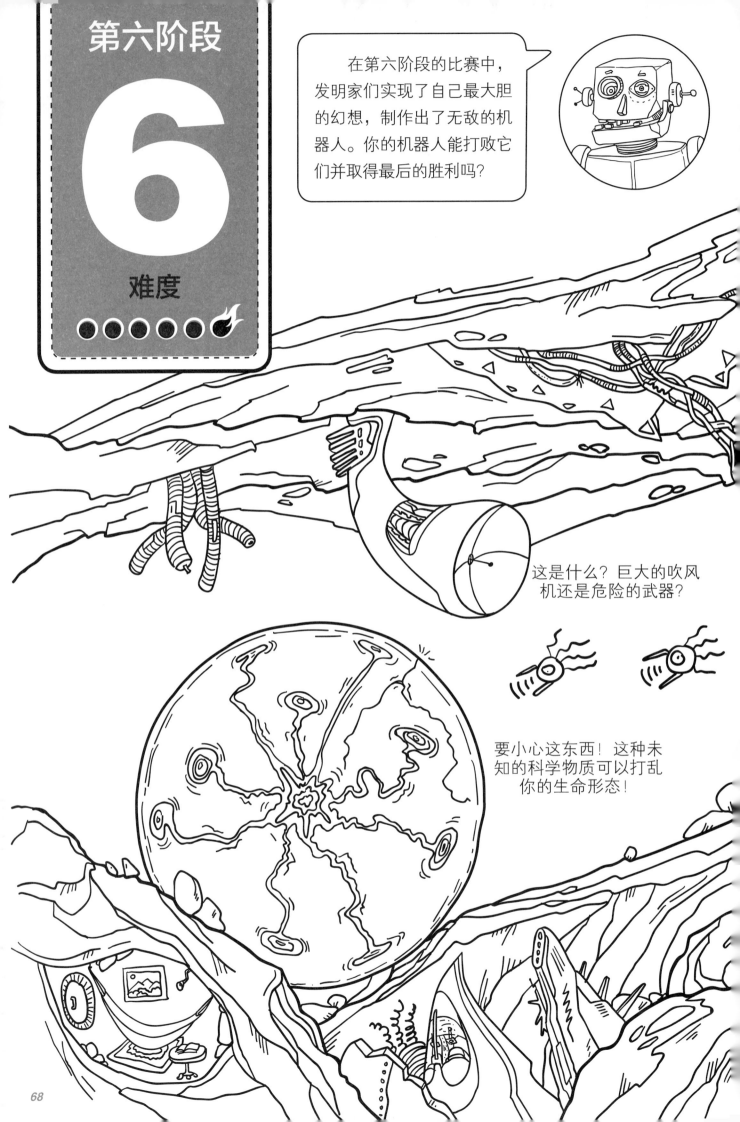

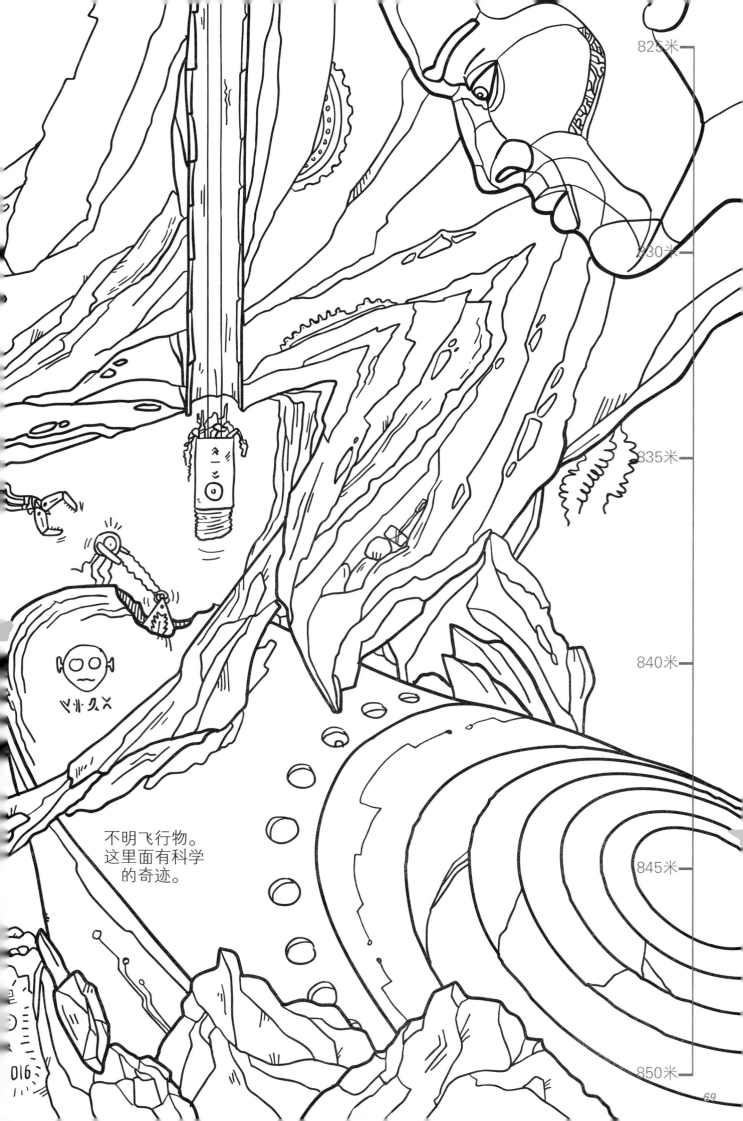

不明飞行物。
这里面有科学
的奇迹。

① $\dfrac{6}{9} + \dfrac{3}{4} - \dfrac{5}{6} =$

② $\dfrac{3}{14} - \dfrac{3}{18} + \dfrac{1}{2} =$

③ $\dfrac{2}{9} + \dfrac{5}{12} + \dfrac{5}{24} =$

④ $\dfrac{2}{15} + \dfrac{8}{50} + \dfrac{4}{25} =$

⑤ $\dfrac{1}{3} - \dfrac{3}{33} + \dfrac{6}{11} =$

在此放置你的机器人

⑥ $\dfrac{3}{14} + \dfrac{5}{8} + \dfrac{1}{28} =$

⑦ $\dfrac{17}{45} - \dfrac{1}{5} + \dfrac{6}{9} =$

⑧ $\dfrac{1}{6} + \dfrac{4}{5} - \dfrac{2}{15} =$

⑨ $\dfrac{5}{28} + \dfrac{7}{8} - \dfrac{3}{7} =$

⑩ $\dfrac{5}{9} - \dfrac{6}{27} + \dfrac{1}{6} =$

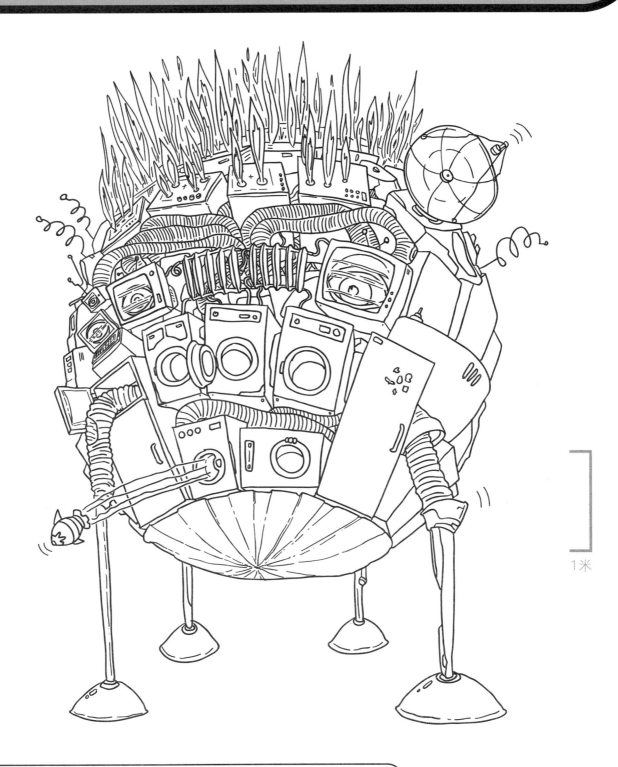

1米

我按照1：10000的比例制作了这个星球模型。当我的垃圾星球在比赛中获胜时，所有人都会明白，人类面临着多大的威胁。我们应该与之抗争，让宇宙中的垃圾越来越少！

发明家：**纳米技术者**

① $2\dfrac{2}{3} + 3 - 1\dfrac{5}{6} =$

② $3\dfrac{3}{5} - 2\dfrac{1}{15} + 5\dfrac{1}{6} =$

③ $11\dfrac{3}{7} + 5\dfrac{5}{8} - 13 =$

④ $8\dfrac{8}{9} - 2\dfrac{3}{8} - 2\dfrac{3}{4} =$

在此放置你
的机器人

⑤ $\dfrac{1}{24} + 5\dfrac{5}{9} - 4\dfrac{3}{8} =$

⑥ $500\dfrac{1}{2} - 250\dfrac{3}{4} + 750\dfrac{7}{8} =$

⑦ $12\dfrac{5}{9} - 11\dfrac{3}{5} - \dfrac{1}{15} =$

⑧ $\dfrac{6}{13} + \dfrac{2}{39} + 5\dfrac{1}{3} =$

⑨ $10\frac{10}{11} - 2\frac{2}{5} + 4\frac{2}{55} =$

发挥想象画出
宝宝的机器人。

1米

⑩ $\frac{9}{15} + 8 - 8\frac{3}{18} =$

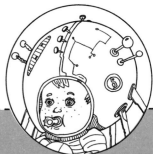

发明家：**宝宝**

7

② $2\frac{4}{9} \div \frac{3}{4} + 6\frac{1}{3} =$

2—其次

1—首先

① $\frac{2}{3} + 8\frac{4}{9} \times 6\frac{3}{5} =$

③ $1\frac{9}{17} + \frac{9}{10} \times 1\frac{2}{3} =$

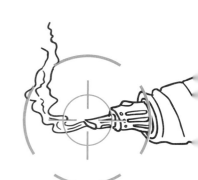

④ $10\frac{6}{11} - 5\frac{1}{2} \div 4\frac{8}{9} =$

在此放置你的机器人

⑤ $\frac{5}{8} + 3\frac{1}{8} \div 9 =$

⑥ $2\frac{5}{9} \times 6\frac{9}{10} + 1\frac{2}{15} =$

⑦ $7\frac{3}{8} \times 4\frac{4}{5} - 3\frac{2}{7} =$

⑧ $9\frac{2}{5} \div 6\frac{4}{15} - 1\frac{5}{12} =$

⑨ $6\frac{4}{9} \div 4\frac{1}{7} + 1\frac{2}{3} =$

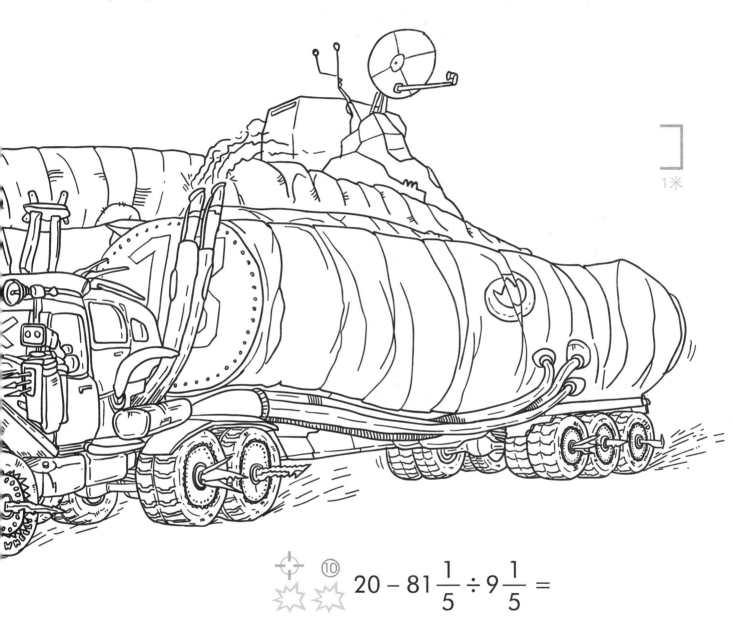

1米

⑩ $20 - 81\frac{1}{5} \div 9\frac{1}{5} =$

近来可好？我一直梦想着做出一台这样的卡车，终于实现了。我不想扰乱你，但在我看来，谁胜谁负一目了然。谢谢！与你一起比赛十分开心。

发明家：**戴茜**

7

① $\left(\dfrac{7}{12} + \dfrac{2}{3} - \dfrac{5}{14}\right) \times 2\dfrac{1}{3} =$

② $\dfrac{5}{14} + \dfrac{6}{7} \times 8\dfrac{3}{4} - \dfrac{2}{3} =$

③ $\dfrac{2}{3} + 5\dfrac{1}{4} + \dfrac{1}{5} \times 3\dfrac{5}{6} =$

在此放置你的机器人

④ $6\dfrac{16}{21} \times 4 + 7\dfrac{3}{7} - 3\dfrac{1}{12} =$

⑤ $56\dfrac{2}{3} - 12\dfrac{5}{12} + 2\dfrac{1}{2} \times 5\dfrac{2}{5} =$

⑥ $9\dfrac{10}{17} - \dfrac{1}{34} \div \dfrac{1}{7} + 3\dfrac{1}{6} =$

⑦ $12 \times 2\dfrac{1}{4} \times 2\dfrac{1}{4} - 4\dfrac{1}{4} =$

⑧ $\frac{13}{16} \times 14 - 10\frac{1}{2} \div 9\frac{5}{7} =$

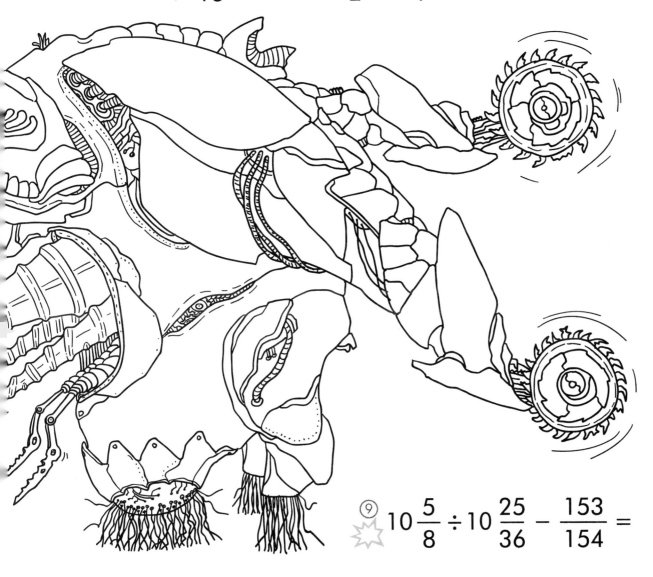

1米

⑨ $10\frac{5}{8} \div 10\frac{25}{36} - \frac{153}{154} =$

⑩ $6 \times 3\frac{7}{8} - 11\frac{4}{9} - \frac{29}{36} \times \frac{9}{29} =$

你就是一个微不足道的发明家。你能对我完美的创作体提出什么反对意见？100吨钢铁与震撼力。锯子、火箭、钻头，还有源源不断的动力！颤抖吧，快带着你的机器人一起跑路吧！

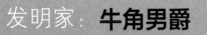
发明家：**牛角男爵**

① $\dfrac{15}{48} \times \dfrac{16}{45} \div \left(6 - 4\dfrac{2}{3}\right) =$

② $6\dfrac{4}{11} \div \left(2\dfrac{1}{2} - \dfrac{15}{28}\right) \times 6\dfrac{2}{7} =$

③ $28 \times 3\dfrac{2}{7} \div \dfrac{4}{15} \times 2\dfrac{3}{5} =$

**在此放置你
的机器人**

④ $3\dfrac{1}{33} \times \dfrac{11}{150} \div 2\dfrac{2}{9} + 5\dfrac{1}{10} =$

⑤ $7 \times \left(11\dfrac{11}{14} - 5\dfrac{1}{2}\right) \div 14\dfrac{2}{3} =$

⑥ $6\dfrac{2}{3} \times 9\dfrac{1}{5} + 1812\dfrac{2}{5} \div 3\dfrac{1}{15} =$

⑦ $\left(10\dfrac{1}{2} + 10\dfrac{3}{5}\right) \times 2\dfrac{13}{25} \div \dfrac{2}{125} =$

⑧ $\left(4\dfrac{2}{7} + 5\dfrac{5}{6} - 2\dfrac{30}{60}\right) \times \dfrac{21}{160} =$

⑨ $\dfrac{2}{3} \div \dfrac{66}{77} \div \left(\dfrac{12}{15} \div 24\right) =$

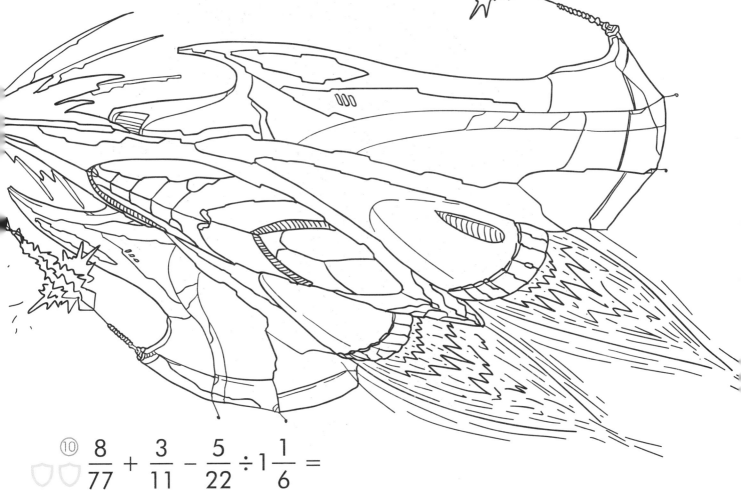

⑩ $\dfrac{8}{77} + \dfrac{3}{11} - \dfrac{5}{22} \div 1\dfrac{1}{6} =$

看看这万里无云的天空，眨眼间你的机器人就变成了一堆灰烬，接着天空电闪雷鸣。这是我的天空守护者。这将是本次比赛最大的看点。放弃吧！

发明家：**卡洛斯伯爵**

亲爱的朋友，祝贺你！

这场比赛已经结束了！胜利属于你！作为奖励，你将获得胜利者奖章，并成为垃圾星球的拥有者。这取之不竭的资源财富正应该为最勇敢的发明家所拥有。

发明、创造是这么充满乐趣，这么酷！我们在宇宙空间中再见！

胜利者奖章

发明家城堡

属于胜利者的奖品

答案

- 0 ①56 ②180 ③16 ④9 ⑤494 ⑥675 ⑦221 ⑧37

- 1.1 ①$\frac{3}{5}$ ②$\frac{7}{8}$ ③$\frac{23}{25}$ ④$\frac{51}{43}$ ⑤$\frac{76}{93}$ ⑥$\frac{77}{100}$ ⑦$\frac{235}{297}$ ⑧$\frac{54}{143}$
- 1.2 ①$\frac{2}{7}$ ②$\frac{9}{19}$ ③$\frac{18}{47}$ ④$\frac{1}{72}$ ⑤$\frac{26}{85}$ ⑥$\frac{47}{201}$ ⑦$\frac{169}{543}$ ⑧$\frac{191}{903}$
- 1.3 ①$\frac{2}{15}$ ②$\frac{18}{56}$ ③$\frac{6}{52}$ ④$\frac{33}{75}$ ⑤$\frac{45}{110}$ ⑥$\frac{8}{125}$ ⑦$\frac{105}{153}$ ⑧0
- 1.4 ①$\frac{10}{36}$ ②$\frac{9}{10}$ ③$\frac{9}{18}$ ④$\frac{11}{42}$ ⑤$\frac{35}{68}$ ⑥$\frac{68}{129}$ ⑦$\frac{175}{222}$ ⑧0
- 1.5 ①$\frac{13}{17}$ ②$\frac{116}{233}$ ③$\frac{40}{74}$ ④0 ⑤$\frac{54}{99}$ ⑥$\frac{36}{76}$ ⑦$\frac{8}{10}$ ⑧$\frac{5}{75}$

- 2.1 ①$\frac{9}{16}$ ②$\frac{1}{3}$ ③$\frac{25}{66}$ ④$\frac{16}{75}$ ⑤$\frac{5}{36}$ ⑥$\frac{7}{18}$ ⑦$\frac{1}{36}$ ⑧$\frac{1}{25}$
- 2.2 ①$\frac{5}{6}$ ②$\frac{5}{8}$ ③$\frac{35}{66}$ ④$\frac{7}{12}$ ⑤$\frac{60}{101}$ ⑥$\frac{1}{2}$ ⑦2 ⑧$\frac{64}{69}$
- 2.3 ①$\frac{1}{2}$ ②$\frac{1}{9}$ ③$\frac{2}{7}$ ④$\frac{3}{5}$ ⑤$\frac{17}{26}$ ⑥$\frac{2}{3}$ ⑦$\frac{1}{2}$ ⑧$\frac{5}{9}$
- 2.4 ①$\frac{11}{20}$ ②$\frac{7}{20}$ ③$\frac{13}{30}$ ④$\frac{43}{45}$ ⑤$\frac{7}{50}$ ⑥$\frac{1}{30}$ ⑦$\frac{3}{10}$ ⑧$\frac{1}{6}$
- 2.5 ①$\frac{3}{4}$ ②$\frac{3}{5}$ ③$\frac{1}{2}$ ④$\frac{11}{12}$ ⑤$\frac{5}{51}$ ⑥$\frac{4}{21}$ ⑦$\frac{23}{32}$

- 3.1 ①$\frac{5}{6}$ ②$\frac{9}{10}$ ③$\frac{1}{12}$ ④$\frac{5}{8}$ ⑤$\frac{47}{48}$ ⑥$\frac{5}{12}$ ⑦$\frac{7}{30}$ ⑧$\frac{1}{25}$
- 3.2 ①$\frac{59}{80}$ ②$\frac{11}{14}$ ③$\frac{20}{33}$ ④$\frac{40}{63}$ ⑤$\frac{17}{30}$ ⑥$\frac{7}{12}$ ⑦$\frac{7}{24}$ ⑧$\frac{33}{56}$
- 3.3 ①$8\frac{1}{5}$ ②10 ③$2\frac{3}{5}$ ④4 ⑤$1\frac{3}{14}$ ⑥2 ⑦$5\frac{12}{13}$ ⑧24
- 3.4 ①$2\frac{2}{5}$ ②$2\frac{1}{2}$ ③$2\frac{1}{15}$ ④1 ⑤$1\frac{1}{3}$ ⑥$2\frac{1}{3}$ ⑦$16\frac{2}{5}$ ⑧$40\frac{7}{8}$
- 3.5 ①$3\frac{1}{6}$ ②$4\frac{4}{5}$ ③$2\frac{13}{18}$ ④$7\frac{9}{14}$ ⑤$1\frac{5}{14}$ ⑥$6\frac{5}{6}$ ⑦$1\frac{1}{14}$ ⑧$3\frac{3}{4}$

- 4.1 ①$1\frac{1}{2}$ ②6 ③21 ④1 ⑤$1\frac{1}{5}$ ⑥$1\frac{4}{5}$ ⑦$8\frac{4}{7}$ ⑧$2\frac{5}{6}$
- 4.2 ①$2\frac{1}{10}$ ②9 ③$4\frac{1}{5}$ ④$1\frac{5}{12}$ ⑤$1\frac{1}{6}$ ⑥$1\frac{1}{3}$ ⑦30 ⑧$1\frac{1}{6}$
- 4.3 ①3 ②4 ③$3\frac{7}{11}$ ④7 ⑤$2\frac{2}{7}$ ⑥$7\frac{4}{9}$ ⑦$4\frac{1}{2}$ ⑧$5\frac{1}{2}$
- 4.4 ①$4\frac{1}{6}$ ②$5\frac{11}{16}$ ③$6\frac{1}{2}$ ④$20\frac{1}{12}$ ⑤$9\frac{1}{8}$ ⑥$16\frac{8}{9}$ ⑦2 ⑧$5\frac{5}{16}$
- 4.5 ①$3\frac{11}{12}$ ②$5\frac{13}{18}$ ③$12\frac{1}{45}$ ④$\frac{25}{72}$ ⑤$2\frac{59}{60}$ ⑥$6\frac{1}{85}$ ⑦$2\frac{23}{60}$ ⑧$8\frac{3}{28}$

- 5.1 ①$1\frac{5}{7}$ ②64 ③$58\frac{1}{2}$ ④$6\frac{7}{8}$ ⑤$26\frac{2}{9}$ ⑥$13\frac{13}{28}$ ⑦63 ⑧$55\frac{1}{4}$ ⑨65
- 5.2 ①$\frac{2}{55}$ ②16 ③$\frac{29}{45}$ ④$1\frac{13}{15}$ ⑤$1\frac{1}{54}$ ⑥$1\frac{10}{27}$ ⑦$19\frac{10}{17}$ ⑧$1\frac{17}{48}$ ⑨$2\frac{4}{243}$
- 5.3 ①$\frac{5}{8}$ ②$\frac{7}{30}$ ③$1\frac{1}{15}$ ④$11\frac{1}{3}$ ⑤$2\frac{2}{3}$ ⑥$4\frac{1}{4}$ ⑦$1\frac{1}{8}$ ⑧$\frac{19}{34}$
- 5.4 ①$1\frac{3}{11}$ ②$\frac{31}{85}$ ③$\frac{5}{24}$ ④$\frac{1}{74}$ ⑤$6\frac{44}{49}$ ⑥$\frac{5}{16}$ ⑦7 ⑧300 ⑨$2\frac{8}{11}$
- 5.5 ①$26\frac{2}{5}$ ②5 ③$8\frac{1}{28}$ ④$46\frac{2}{3}$ ⑤$16\frac{1}{9}$ ⑥$2\frac{6}{7}$ ⑦$\frac{1}{5}$ ⑧$6\frac{1}{4}$ ⑨$11\frac{1}{3}$

- 6.1 ①$\frac{7}{12}$ ②$\frac{23}{72}$ ③$\frac{61}{75}$ ④$\frac{34}{63}$ ⑤$\frac{26}{33}$ ⑥$\frac{7}{12}$ ⑦$\frac{38}{45}$ ⑧$\frac{5}{9}$ ⑨$\frac{5}{8}$ ⑩$\frac{1}{2}$
- 6.2 ①$3\frac{5}{6}$ ②$6\frac{7}{10}$ ③$4\frac{3}{56}$ ④$\frac{55}{72}$ ⑤$1\frac{2}{9}$ ⑥$1000\frac{5}{8}$ ⑦$\frac{5}{8}$ ⑧$5\frac{11}{13}$ ⑨$12\frac{6}{11}$ ⑩$\frac{13}{30}$
- 6.3 ①$56\frac{2}{5}$ ②$9\frac{16}{27}$ ③$3\frac{1}{34}$ ④$9\frac{37}{88}$ ⑤$\frac{35}{36}$ ⑥$18\frac{23}{30}$ ⑦$32\frac{4}{35}$ ⑧$1\frac{1}{5}$ ⑨$2\frac{2}{5}$ ⑩$11\frac{4}{23}$
- 6.4 ①$2\frac{1}{12}$ ②$7\frac{4}{21}$ ③$6\frac{41}{60}$ ④$31\frac{11}{28}$ ⑤$57\frac{3}{4}$ ⑥$12\frac{28}{51}$ ⑦$56\frac{1}{2}$ ⑧$10\frac{5}{17}$ ⑨0 ⑩$11\frac{5}{9}$
- 6.5 ①$\frac{1}{12}$ ②$20\frac{4}{11}$ ③897 ④$5\frac{1}{5}$ ⑤3 ⑥$652\frac{1}{3}$ ⑦$3323\frac{1}{4}$ ⑧1 ⑨$23\frac{1}{3}$ ⑩$\frac{2}{11}$

原文书名 Турнир изобретателей роботов
原作者名 Maxim Demin
© Максим Дёмин, текст, иллюстрации, 2017
© ООО «Манн, Иванов и Фербер», 2017
© Оформление. ООО «Манн, Иванов и Фербер.
Translated and published with permission by MANN, IVANOV and FERBER.
The simplified Chinese translation rights arranged through Rightol Media
（本书中文简体版权经由锐拓传媒取得Email:copyright@rightol.com）
本书中文简体版由中国纺织出版社独家出版发行
本书内容未经出版者书面许可，不得以任何方式或任何手段复制、转载或刊登。
著作权合同登记号：图字：01-2018-2016

图书在版编目（CIP）数据

与机器人一起学分数运算／（俄罗斯）马克西姆·杰明著；丁一译.—北京：中国纺织出版社，2019.3
ISBN 978-7-5180-5563-0

Ⅰ.①与… Ⅱ.①马… Ⅲ.①分数—少儿读物 Ⅳ.①O121.1-49

中国版本图书馆CIP数据核字（2018）第253225号

责任编辑：江 飞　　　责任印制：储志伟

中国纺织出版社出版发行
地址：北京市朝阳区百子湾东里A407号楼　邮政编码：100124
销售电话：010—67004422　传真：010—87155801
http://www.c-textilep.com
E-mail: faxing@c-textilep.com
中国纺织出版社天猫旗舰店
官方微博http://weibo.com/2119887771
北京玺诚印务有限公司印刷　各地新华书店经销
2019年3月第1版第1次印刷
开本：889×1194 1/16 印张：5
字数：50千字 定价：39.80元

凡购本书，如有缺页、倒页、脱页，由本社图书营销中心调换

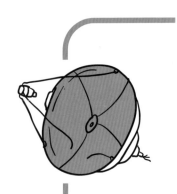

机器人发明家
竞赛马上开始！

有了"超级课"，你的孩子将会掌握分数运算，并成为宇宙很棒的发明家。聪明的头脑和想象力是数学比赛中不可缺少的帮手！

"超级课"——是：

- 与有趣的宇宙英雄一起进行的游戏。
- 带有例题的作业本。
- 涂色书。

作者的话：

分数——复杂而且无聊？

当你与星球的命运相联系时，你看，也不怎么难！

有一次我和儿子想出了有趣的学习乘法表的方法：解题——打败对手！很多学生都很喜欢这样的数学比赛。

现在"超级课"系列出了第二本书，讲分数运算。孩子们将不得不发明自己的机器人，并与全宇宙其他发明家决斗！习题和规则更复杂，对手更危险。如果年轻的发明家用知识武装自己，他将战无不胜！

上架建议：少儿读物
ISBN 978-7-5180-5563-0

9 787518 055630 >
定价：39.80元

与外星人一起学乘法运算

[俄] 马克西姆·杰明◎著　丁一◎译

乘法、涂色、冲向胜利！

超级课

乘法表

童年传奇

中国纺织出版社
国家一级出版社
全国百佳图书出版单位

规则

- 每一轮比赛中你都会攻击  对手并防守 🛡 对手的攻击。
- 如果你解出的答案正确，你的攻击和防守将会成功，如果错误——则失败。

---

① 请解出本轮所有题目，在等号后写出每道题的答案。

你的机器人

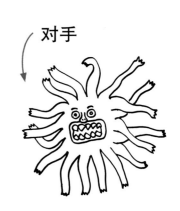 对手

攻击 $2 \times 2 = 4$

防守 $3 \times 6 = 18$

防守 $4 \times 5 = 25$

攻击 $6 \times 9 = 56$

---

② 请对照本书封三上的乘法表进行检查，或问一问你的父母。

---

③ 请在正确答案旁画 √，在错误答案上画 ×。

成功的攻击——你将击中对手。

成功的防守——你将保留自己的健康值。

失败的攻击——对手将击中你。

失败的防守——对手将保留自己的健康值。

你的机器人	对手

$2 \times 2 = 4$ ✓

$3 \times 6 = 18$ ✓

$4 \times 5 = \cancel{25}$

$6 \times 9 = \cancel{56}$

④ 根据攻击的多少，计算对手的健康值有多少格，并绘制。

根据你失败的防守数量，计算自己的机器人的健康值，并绘制。

---

⑤ 算出战斗结果：

胜利！

失败。
请画出一个新的机器人，并重新解答本轮的错题。

平局。
请重新解答本轮的错题。

胜利。
但你的机器人受伤退出了比赛。请画出一个新的机器人。

---

⑥ 请进入下一轮比赛。